U0124544

Knowledge BASE系列

一冊通曉•人人都能懂的商學知識

圖解會計學

黃士剛⊙著

沈大白⊙審訂
東吳大學會計系教授
兼企業風險管理研究中心召集人

挖掘會計的寶藏

文◎沈大白（東吳大學會計系教授兼企業風險管理研究中心召集人）

　　學習會計有段期間的人可能都聽過一個與會計有關的笑話：如果問數學家一加一等於多少，一般的回答是二；若是去問物理學者，他會在思考一下是討論什麼樣的物質或單位以後再回答；而若是問一位會計師，他則可能會拉你到一個隱密的房間，然後問：「你希望等於多少？我都辦得到！」這樣的笑話當然存有某種嘲諷的意味，但其實也某種程度反映了會計除了科學的內涵之外，還是一門藝術，也顯示了會計學可因應現實狀況調整的務實和彈性的一面。

●會計在工商業社會裡不可或缺

　　會計既是商業的語言，又是衡量經營成果的標準，牽涉到交易的成本、利益的分配等課題，因此在本質上有非常濃厚的經濟意義，甚至在某種程度上具有準法律的地位。且會計學常牽涉到社會科學對商業行為基本的定義、分類等問題，又要面對人性在溝通、表達時的限制和需求，這些都讓會計變得非常複雜而有趣。也因此，若能深入了解會計，更能使人們對於商業或經濟的研究不致落入象牙塔。比如說1991年諾貝爾經濟學獎得主寇斯在大學期間主修會計，因此能充分體認會計對於交易行為的深刻描述，而使他跳脫了傳統經濟學家以個人「賺錢」為主軸的思考模式，從而發展出以「交易成本」為主要分析對象的全新經濟與商學研究領域。他的研究不僅對經濟學有影響，對財務、法律、管理都有相當的衝擊。由此看來，學習會計學對掌握商業與經濟理論和實務的確有相當助益。

　　另一方面，由現實面考量，會計學科比起一些商學領域的專業來得更務實。有人曾開玩笑地說，景氣好時企業賺錢，當然需要會計人員來幫忙算錢；景氣不好時企業面臨解散或被合併，也需要會計人員協助處理善後。可見凡是涉及經濟活動的進行、企業的營運管理，會計學都是不可或缺的一環。舉個例子，多年前台塑董事長王永慶的書中曾經特別提到會計學對他的幫助，他說：

如果沒有好的會計制度，他不可能管理這麼大的集團企業。這道理會計的初學者或許較難理解，但在接觸經濟實務時，必定體會得出會計的重要。

●幫助你輕鬆走進會計學

不過，對於許多學商的人而言，讀書時對於會計大概都有一種「艱難」的印象：學習會計頗為辛苦，除了聰明才智，還要下些苦功。不過，若問一些會計系高年級的同學，他們可能會說會計其實並不那樣困難，只要基礎概念建立清楚，其他的部分都有類似的系統與邏輯。由此看來，好的入門、奠基指引便越顯重要了。對於一般初學會計學的人會面臨的關卡—會計學本身是數字語言，若是僅用過去對傳統語言、文字的閱讀習慣來學習會計，難免因生疏而產生許多盲點，而《圖解會計學》在這方面可以說是幫了讀者一個大忙，因為《圖解會計學》運用淺顯的文字、生動的例子、尤其是有趣的圖解，來幫助讀者突破會計的「文字障」，更容易超越眾多數字與專業術語的束縛，自然能輕鬆地了解會計學的梗概。其實，想要把會計學寫得老少咸宜、童嫗都解又平易近人，那可真的比翻譯做到信達雅還要困難，本書作者可算是勇敢地踏出了新的一大步。

個人當初並不是會計科班出身的學生，後來因緣際會，對於會計有了更多的學習，深深覺得會計專業實在是進可攻、退可守，不論是鍾情於理論研究，或是致力於實務發展，都提供了源源不絕、挖之不盡的寶藏。衷心祝福許多人能以本書做為進入會計金銀島的敲門磚，對會計產生興趣，進而深入挖掘會計的寶藏，如此不論對自己還是對社會，都會是極有價值的投資。

沈大白

CONTENTS

Chapter 1
企業共通的語言

Chapter 2
會計的基本觀念及法則

Chapter 3
資產科目

Chapter 4
負債及股東權益相關科目

Chapter 8

企業的併購

Chapter 9

其他重要會計知識與應用

Chapter 01 企業共通的語言

如同人與人之間透過共通語言傳情達意,企業則是透過「會計語言」傳達企業活動的過程與結果。會計就像企業對內部以及對外界溝通的「語言」,依據企業型態、活動內容以及企業資訊使用者的需求而發展出的一套企業可共通使用的作業準則。

● 會計與企業的關係

● 什麼是企業？企業的成立目的是什麼？

● 股份有限公司的基本結構有哪些？

● 哪些人會使用會計資訊？

● 會計的種類有哪些？

● 會計有哪些使用慣例？

● 如何使會計資訊容易讓使用者了解？

● 全球的會計原則、制度的整合

企業的產生

會計與企業密不可分,透過會計的表達,不論企業內外的個人或團體都可以了解企業的行為及經營的狀況。由於會計正是因應企業運作所需制訂的一套作業準則,因此,了解企業正是進入會計領域的第一步。

企業是人類社會交易系統的產物

　　什麼是企業?企業在社會組織中有什麼功用?在人類社會中,交易系統扮演重要的角色。在這個系統中,每個個體或團體從事各自專門的生產活動,在活動的過程中,增加原料、人工……等投入物的價值,再將增值後的產品在市場中交易,換取等值流通的貨幣,而這些貨幣可以拿去交換別人或別的團體所生產的產品。企業便是在這個交易的過程中,從事生產活動、為產品增加價值、降低交易成本,並以營利為目的的團體組織。

● 企業就像人一樣

把會計當做一種語言也許有點抽象,但如果能把企業想像成人一樣的個體就會比較容易理解了。事實上在法律上,企業也稱為法人,也就是說企業在某部分就像人一樣擁有權利、也負有義務。

企業的種類有哪些?

　　那麼企業存在的型態有哪幾種呢?企業大致上可分為:無限公司、有限公司、兩合公司及股份有限公司。這四種企業型態除了組織結構的不同外,在法律上對企業的債務所須負的責任也不盡相同。其中,無限公司的所有人及兩合公司的無限責任股東對公司的債務須負擔無限償還責任;而兩合公司的有限責任股東、有限公司及股份有限公司的所有人則只就其出資額對公司的債務負責。例如有一無限公司負債30,000,000元,則該公司所有人有責任完全清償這30,000,000元的負債;但如果是一家股份有限公司負債30,000,000元,則該公司股東只需以當初出資的金額來清償,超過出資額的債務則不負清償責任。

　　由於我們在媒體上所見或較具規模的企業都是以股份有限公司的型態存在,故本書將以股份有限公司的會計處理為主要的討論重點,當然其他型式公司的會計處理方法會略有不同,但基本上大同小異,且使用的會計理論與原則完全相同。

● 股份有限公司才能投資

一般投資人所能投資的公司,例如上市、上櫃、或公開發行公司,都是以股份有限公司的型態存在。

企業的目的

A 生產投入物

人工

原料

設備

+ ……

生產投入物的價值 = $6,000

B 生產活動

生產活動所增加的價值 = $4,000

產出

$10,000

產品價值 = $A+B$

= $6,000+$4,000$

= $10,000$

利潤

$$\frac{\text{產品價值} \quad A+B}{\text{投入物價值} \quad A}{B}$$

企業的競爭力

企業多是以營利為目的,基本上一家不能賺錢或僅能維持生存的公司就失去了存在的意義。那麼公司要如何才能持續地獲利呢?保持公司的競爭力顯然是公司能否獲利的一大關鍵。

企業的競爭五力

　　在企管大師麥可波特的企業競爭模型中,企業會面臨五種外力的競爭:供應商的議價能力、產業新進者的威脅、替代品的威脅、現有競爭者及顧客的議價能力。這五種力量很明顯地會侵蝕企業的競爭能力,例如:供應商如果提高原料的價格,產品的成本就會增加;如果市場上有替代品出現,企業產品的需求就會下降;現有的競爭者或新進者如果展開價格戰,企業也會承受降價的壓力;此外,顧客如果殺價的能力很強,則會使得產品的價格下降。以上外力都會影響企業的獲利,因此,企業如果想要保持營運獲利的能力,就要加強對這五種力量的對抗。

競爭優勢:成本降低及差異化

　　在企業的生產流程中包含了各種不同的生產活動,例如產品設計、製造、行銷、售後服務等。波特認為,企業亦可以在各個不同的生產活動中,藉由降低產品的成本或增加產品差異化來增加企業的競爭優勢。差異化指的是藉由區隔市場上相同及相近產品的特性,包括外型、品質、售後服務等的不同來增加顧客對產品的滿意度。比方說,產品的設計如果能更貼近消費者的需求,製造品質更加精良,行銷活動更具效益或產品的售後服務很令人安心,那麼消費者就會願意多付點錢來購買,公司的產品就能增加價值。然而,這些生產活動在產生價值的同時,其實也會發生活動的成本,包括了人事費用、製造費用、銷售費用、行政管理費用等。因此,如果企業能夠在生產的過程中,藉由產品的差異化增加產品價值、同時又致力於成本的降低,那麼企業就能提升其競爭力,也就是獲利能力。

> **麥可波特**
>
> 麥可波特為當代經營策略大師,目前任教哈佛商學院。他所提出的競爭策略理論為近代最具影響力的理論之一,亦為商學院的必修課程。波特曾於美國雷根總統任內被延攬為白宮「產業競爭力委員會」委員,同時也是世界各國政府與企業爭相諮詢的知名顧問。著有《競爭策略》、《競爭優勢》、《國家競爭優勢》、《競爭論》等書。

企業面臨的競爭以及化解的方式

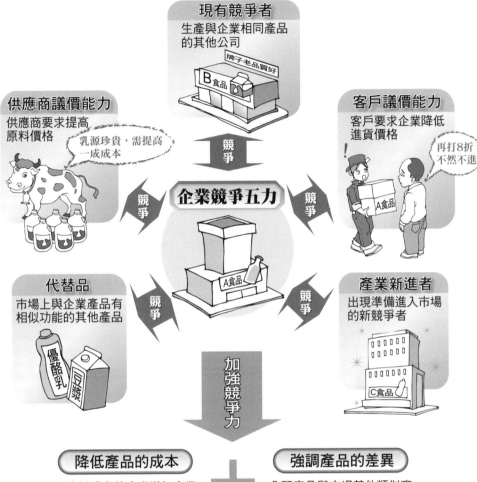

現有競爭者
生產與企業相同產品的其他公司

牌子老品質好

供應商議價能力
供應商要求提高原料價格

乳源珍貴，需提高一成成本

客戶議價能力
客戶要求企業降低進貨價格

再打8折不然不進

企業競爭五力

競爭

代替品
市場上與企業產品有相似功能的其他產品

產業新進者
出現準備進入市場的新競爭者

加強競爭力

降低產品的成本

以降低成本的方式增加企業利潤，以提高競爭優勢。

要開拓低成本的乳源

澳洲

強調產品的差異

凸顯產品與市場其他類似商品的區隔與優勢，可增加產品價值。

營養價值最高

股份有限公司的基本結構

股份有限公司是企業的一種型式,也是目前大型企業存在的主要型態,其組織的基本架構可分為公司的投資人、經營團隊及員工。

資金的籌措—股東與債權人

一家公司的成立首先需要的是營運資金,有了資金,公司才能夠買入從事生產活動所需要的設備、購買生產所需的原料、支付員工薪水、支付水電費……等等。公司營運的資金主要來自兩個部分:

◆公司的所有人—股東:投資人藉由購買公司的股份成為股東,也就是公司的所有人之一。公司則將從股東取得的所有資本細分成多等分,每等分稱為一股,每一股東依其投入金額比例持有公司股票。目前在台灣一股的面額是10元,公司所擁有股份的總面額即為公司的資本。

◆借錢給公司的人—債權人:公司需要資金時除了發行新股募資外,也可以向外借款,例如向銀行借錢,所借到的錢就是公司的負債。

股東與債權人最大的不同在於,股東由於擁有這家公司,故能參與公司的重大決策並分享公司所賺取的利潤(稱為分紅)。然而債權人只是借錢給公司賺取利息,並不是公司的所有人,故不能享受公司分紅,也沒有參與公司決策的權利。

資金的舵手—經營團隊與公司員工

股份有限公司的基本架構除了股東外,就是公司的經營團隊及員工。一家公司能賺錢與否,其經營團隊與員工的素質是攸關成敗的主要因素。如果把公司的經營團隊比喻成人的大腦,負責策略規劃並下達指令,那麼員工就像是人的身體一樣負責指令的執行,只有好的經營團隊掌舵及員工執行才能使整個企業順利地運作。公司的經營團隊包括總經理及各個部門的主管,例如生產部門、會計部門、品管部門等等,由總經理帶領各個主管一起為股東創造最大利潤。

● 員工認股制度

員工認股制度就是藉由讓員工認購公司的股票,成為公司的股東之一。由於股東可以參與公司的分紅,當公司賺愈多,股東也分得愈多,因此員工就會被激勵更努力工作,為公司及自己同時創造財富。

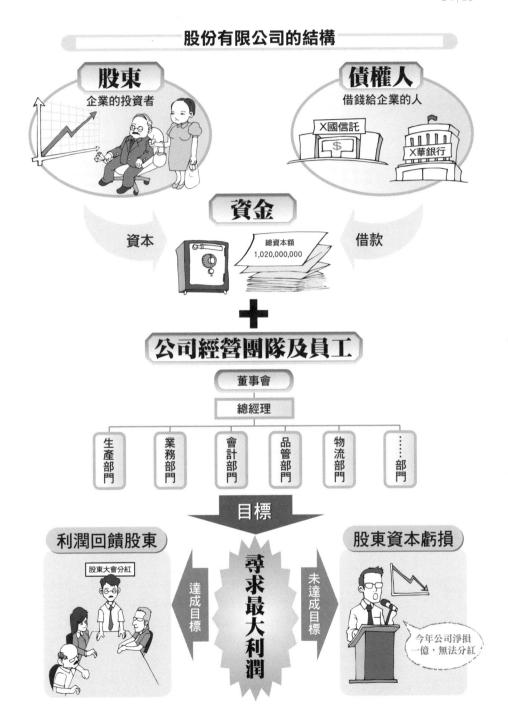

認識會計資訊的使用者

對企業有基本的認識後，接下來正式進入會計的領域。會計就像企業與外界溝通的「語言」。企業正是透過「會計語言」，得以傳達企業活動的過程與結果。那麼哪些人對企業活動的過程與結果感興趣呢？

使用者①：內部使用者

會計資訊的使用者主要可以分為內部使用者與外部使用者，內部的使用者包括公司的管理階層及公司的員工。

◆管理階層：企業的管理人員要做好公司的管理，其中一項重點就是做好財務報表的管理。財務報表管理除了要求報表內容的準確外，也包括預算的編列，即管理階層在計畫執行之前先預測可能結果；實際執行後，再將實際產生的結果與預測做比較以及差異分析，而這些都需要會計資訊的輔助。

◆公司員工：公司的經營結果以及營運發展與員工的福利有著絕對的關係，因此公司員工也會透過會計資訊來了解公司的經營狀況與未來的發展。

使用者②：外部使用者

公司外部的使用者則包括公司的股東、債權人、政府機構、投資研究機構、競爭對手、客戶等等。

◆公司股東：公司股東投入資本的主要目的就是希望公司能為自己帶來收入。然而大部分的股東並沒有參與公司的經營，也不易了解公司的經營狀況，因此只能透過公司所提供的會計資訊如財務報表，來了解公司的經營結果。

◆債權人：公司的債權人如銀行，關心的是公司是否能如期繳付利息並清償債務，因此需要透過公司提供的會計資訊來做判斷，並決定是否借款。

◆政府機構：政府為了保護投資人，於93年成立了金融監督管理委員會，以監督公司的財務狀況，也因此必須取得公司的會計資訊。除此之外，政府也需要公司的會計資訊來做為課稅的依據。

◆其他人士：除了上述的使用人外，還有許多人也需要藉由公司的會計資訊來做決策，例如公司的競爭者要研究競爭對手的財務狀況、一般投資機構要研究公司經營狀況做成投資建議報告、學校學生要做案例研究、公司上下游要確定公司能繼續經營以確保帳款收回無虞等等。

會計資訊的使用者有哪些？

內部使用者

我要知道公司今年營運績效到底好不好

管理階層

我要了解公司的前景，以及年終獎金多少

員工

會計資訊

外部使用者

我要了解公司清償債務的能力，才能降低借錢的風險

債權人

看看公司的營運狀況如何再來投資，免得血本無歸

股東

研究機構

我要知道公司會不會倒閉，影響產品的售後服務

客戶　競爭者

知己知彼，百戰百勝

我要監督公司的財務狀況，以保護投資人權益

政府機構

會計的類型與內容

會計既然被視為一種溝通的工具，為了符合不同使用者的需求，會計產生了多種不同的類型，也就是說，必須依需求特性使用「最適合的語言」和特定對象溝通，才能講得更清楚，對方也能得到所需的訊息。

依使用者分類

　　會計依資訊使用者的不同，主要可分為兩大類：財務會計及管理會計。財務會計提供財務狀況的資訊，包括公司的盈餘、資本結構等給企業外部的會計資訊使用者，諸如股東、債權人、投資人、政府機構等等，以幫助使用者做出正確的決策。由於財務會計是公司對外公布的資訊，為了保證企業外部的使用者都能準確地獲得會計資訊所表達的訊息，同時讓不同公司的會計資訊都能有共同的比較基礎，財務會計要求不同的企業都要遵守一套公認的會計原則，如此一來，企業的會計資訊就能有一致的評量與比較的標準。

　　另外一種類型就是管理會計，管理會計主要是提供年度預算規劃、產品的成本結構等會計資訊給企業內部的管理階層。管理會計並無一套公認的會計原則可以遵守，原因是每個企業都有不同的文化，不同公司的管理階層有各自的資訊需求，因此不同公司發展出來的管理會計也不盡相同。

依內容分類

　　除了上述的兩大類型外，依據會計資訊內容的不同，還可以分為預算會計、成本會計、稅務會計等等。預算會計簡單地說就是一種財務規劃，使公司可以在一項計畫開始之前，預設該項計畫所需投入的各項成本、費用，以及預期達成的目標。在計畫正式開始後，管理階層就可以將實際的情形與預算做比較，若有不同就分析差異產生的原因，以達到管理與改善的目的。成本會計的重點則是在分析公司成本產生的過程，管理階層透過對每項成本產生的了解，可以減少浪費、達到成本控制的目的。稅務會計的產生則是因為每個國家都有不同的稅務法規，法規日趨複雜，公司如果仔細做稅務規劃，常常能在合法的情況下減輕稅額的負擔。

　　另外，針對一些性質與一般公司不同的團體，例如政府機關或非營利事業組織，也依其特性發展出政府會計及非營利會計。這些不同類別會計資訊可使不同需求的使用者都能快速掌握該團體組織的財務狀況。

會計的分類及類型

依使用者分

財務會計
- **意義**
定期報告企業財務狀況及營運結果，以供外界使用的會計資訊
- **使用對象**
股東、債權人、政府機構

管理會計
- **意義**
為達成企業營運目標而提供企業內部使用的會計資訊
- **使用對象**
總經理、各單位主管

依內容分

成本會計
- **意義**
幫助管理者分析與控制產品成本的會計資訊
- **使用對象**
財務會計部門主管、各單位主管

預算會計
- **意義**
對企業未來營運發展所需的經費、以及預期報酬所進行的財務規劃
- **使用對象**
各單位主管、預算決策人員

稅務會計
- **意義**
因應應稅所得與會計收益的差異而建立的專門會計方法
- **使用對象**
財會部門人員、各單位主管

政府會計
- **意義**
以符合政府單位使用為目的所發展的會計程序
- **使用對象**
各級政府機關

非營利會計
- **意義**
以非營利單位使用為目的而發展的會計程序
- **使用對象**
非營利事業組織

會計的分類

財務會計的慣例

所有財務會計的應用都需要遵守一般公認的會計原則，以確保公司的經營過程及結果能允當地表達給會計資訊的使用者，亦使不同公司的會計資訊能擁有共同的比較基礎。那麼一般公認的會計原則有哪些，又是由哪些團體制訂呢？

會計的四大慣例

由於會計是因應社會活動的一項工具，故其發展也受到社會環境的規範與限制，而遵循社會環境因素所形成的處理原則，通稱為「會計慣例」。許多國家或地區都有特定的會計團體來制定並發布該國或地區所須遵守的一般公認會計原則，例如在美國是美國財務會計準則委員會（FASB），在台灣則是由財務會計準則委員會擔任主要負責的機構。一般常見的會計慣例如下：

一、貨幣評價慣例

貨幣是人類社會中交易的媒介，凡是不能以貨幣衡量其價值的事物，如員工的士氣、管理階層的效率等等，在會計帳上就無法表達，因此會計慣例之一的「貨幣評價慣例」，意指會計僅能表達出能以貨幣評估其價值的營業活動，例如：一個員工的薪資34,000元，一張辦公桌5,000元等等，而無法表達出公司的向心力價值高低。

二、企業個體慣例

是指會計上將企業視為一個與業主分離的經濟個體，有能力擁有資源並承擔負債；為了清楚地表達企業的經濟狀況及經營的損益結果，不得將業主的資產、負債或收入與企業所擁有的相混淆。例如公司業主小明將名下一棟房子租給企業做辦公室使用，則公司仍須將租金支出列為公司費用，並定期支付小明租金，且小明的租金收入不能計入公司的收入。

三、繼續經營慣例

「繼續經營慣例」是假設企業在可預見的未來並不會面臨解散或因為經營不善遭到清算，而是會以一直經營下去為目標。在這個假設下，許多會計原則才能合理的採用，例如，公司的廠房或機器設備能為公司帶來多年的效益，故成本產生時，不會一次認列費用，而是在能產生經濟效益的年限內加以攤提，比方說公司購入的電腦設備總價1,000,000元，費用分使用的五年攤提，因此，如果該企業在其預估的年限內即遭到清算，那麼顯然這樣折舊攤提的會計方法就不具意義。

四、會計期間慣例

「會計期間慣例」指的是企業的經營是不間斷的，自開始運作就不斷地產生交易，因此除非到達公司清算的那一天，否則很難將公司所有的資產、負債或損益做清楚的計算。然而，會計資訊的使用者需要及時掌握公司的經營狀況及經營結果，以便做精準的決策，因此會計人員將企業的生命分割成一個一個的段落，每個段落就是一個「會計期間」，在每個會計期間結束時，都應進行企業經營狀況及結果的評估，以便會計資訊的使用者能掌握具時效性的資訊。

會計慣例有哪些？

1. 貨幣評價慣例

會計上僅能表達出能以貨幣評估其價值的營業活動。

例如：帳上能表達員工薪資或機器設備的購入成本，而無法表達員工的向心力等不能以貨幣評價的事物。

總經理　＝月薪$150,000
員工　＝月薪$35,000
營運器具　＝$500,000
辦公設備　＝$30,000

2. 企業個體慣例

企業的資產、負債與業主的資產、負債分離，不可等同視之。

例如：A企業業主小明擁有一棟房子，這棟房子是小明個人財產，不應視為A企業資產。

所有人＝小明＝A企業業主

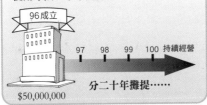

小明名下　≠　A企業資產

3. 繼續經營慣例

假設公司在可預見的未來並不會因為任何因素倒閉，而將永續經營下去。

例如：公司於96年成立時所購置的辦公大樓應按購入成本$50,000,000入帳，在使用年限二十年內攤提。

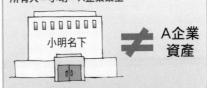

96成立
97　98　99　100　持續經營
分二十年攤提……
$50,000,000

4. 會計期間慣例

為了及時掌握企業的營運狀況而將不間斷運作的企業經營分割成數個會計期間，在每個期間結束時總做總的計算，以表達企業在此期間的營運表現。

例如：會計期間通常以一年居多，稱為「會計年度」。

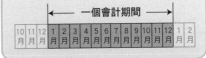

一個會計期間
10月 11月 12月 1月 2月 3月 4月 5月 6月 7月 8月 9月 10月 11月 12月 1月 2月

會計的基本原則

會計慣例主要是遵循社會環境因素而形成；會計的基本原則則與會計慣例不同，會計的基本原則大多都是由實務經驗進化而來，且被會計界及一般企業所接受、遵行。

一、成本原則

　　會計上採取「歷史成本」做為入帳及評價的依據。所謂歷史成本指的是已完成的交易所支付的代價必須如實呈報，不可變異，例如公司交通車購入成本為600,000元，則需以600,0000元入帳，即使未來該車在市場上的售價調升至650,000元，也不會改變帳上成本。以歷史成本入帳的主要原因是交易的金額是買賣雙方在交易時共同決定的，因此較無爭議。

二、收益原則

　　當公司有某項收益時，會計人員應在何時認列？按照美國財務會計準則委員會的觀念公報第五號規定，收益必須符合兩個條件時才能認列：第一個條件為「已賺得」，也就是為賺取該收益所須投入的成本，已全部、或大部分都投入了。第二個條件為「已實現」或「可實現」，「已實現」是指商品已出售並取得現金或現金的交換權，例如支票、買賣的合約等，此時商品的所有權以及商品損毀的風險已經移轉給客戶；「可實現」則是指商品有明確可交易的市場及市價，且隨時可以出售兌現。舉個簡單的例子，一般製造業的商品如汽車在製造完成時能不能認列為收益呢？答案是不能，原因是商品完成後雖已投入大部分成本，符合第一項「已賺得」原則，但由於商品尚未賣出，未符合第二項條件「已實現」或「可實現」，所以在商品製造完成時並不能認列收入，必須等商品出售，即「已實現」後才能認列。

三、配合原則

　　配合原則簡單地說，就是當某收益在某一會計期間認列時，與該收益相關的成本也必須在同一會計期間認列。例如，商品在去年製造完成，但在今年才售出。雖然製造商品的成本在去年時就已發生，但在配合原則下，商品的成本必須與商品出售時的收入認列在同一年度，也就是今年。

四、充分揭露原則

　　會計資訊的提供，主要是為了資訊的使用者能藉由這些資訊充分了解企業的營運狀況，進而做出正確的決策；因此，只要有任何事項的發生足以影響資訊使用者的判斷時，該事項都應在會計資訊中被揭露出來。例如公司在結帳日後因颱風導致存貨毀壞而造成重大損失，那麼會計人員就應在報表上將此一訊息揭露，好讓報表使用者不會誤以為報表上的存貨均為可出售狀態，而做出錯誤的決策。

會計四大基本原則

1.成本原則

採取已完成交易的「歷史成本」做為會計入帳的依據。

例如：公司購入電腦設備$50,000　則以$50,000成本入帳，即使未來該電腦設備市價調降至$45,000，也不調整帳上成本。

$50,000

以購入時實際花費的$50,000入帳

5/1
借：電腦設備　50,000
　　貸：現金　　　　　50,000

2.收益原則

收益必須同時符合兩個條件，會計人員才能將其認列收益：
❶ 已賺得，即產品成本已投入
❷ 已實現或可實現，即已取得現金交換權或隨時可出售兌現

例如：麵包公司在投入大部分所需成本（即已賺得）以及麵包製作完成出售（即可實現）時認列收益。

已投入大部分成本　已售出

糖
麵粉

投入材料、人力…
大部分成本

認列收益

3.配合原則

當某項收益算在某一會計期間時，與該收益相關的成本也必須在同一會計期間計入。

例如：車廠的汽車在去年製造完成，但在今年才賣掉。雖然製造的成本在去年時就已發生，但成本必須與出售時的收入認列在同一年度，也就是今年一併認列。

成本必須與收益認列在同一年度

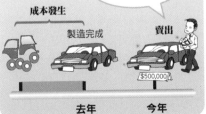

成本發生
製造完成　　賣出

$500,000

去年　　今年

4.充分揭露原則

發生任何足以影響資訊使用者判斷的事項，都應在會計資訊中確實地表露。

例如：A公司的固定資產大部分已做長期負債的抵押品，若無法償債時可能因遭扣押而影響公司營運，此項抵押未表現於財務報表的數字，但會計人員應該在附註中說明，供使用者參考。

附註
A企業之廠房因長期
借款抵押給B銀行

會計資訊的品質要求

既然會計資訊的主要目的是幫助資訊使用者做決策，那麼，如何提供具有品質的資訊就成為一個重要的課題。美國財務會計準則委員會就針對會計資訊的品質提出了要求，並將各種品質劃分層次。

符合使用需求　　由於不同的使用人有著不同的需求，為了確保提供的會計資訊能符合其需求，在提供資訊前應該先了解使用者的特性。舉例而言，公司債權人的需求是了解公司實際的獲利能力，而稅捐機關則著重在所得稅費用申報的正確性。另一方面，會計人員也應該注意資訊本身的「可了解性」，讓資訊的表達方式能夠被使用人充分了解，如此一來會計資訊才能發揮其效用，因此可了解性是會計資訊的一項重要的品質。

能提供有用的決策資訊　　能在決策時提供有用的判斷參考是會計資訊要求的最高品質。因此，只要對於決策有幫助的資訊，都應該被充分揭露；相反地，對於決策沒有建設性的資訊就可以略去，不必贅述。判斷資訊對於決策是否有用，取決於該資訊是否具有「攸關性」及「可靠性」。

所謂攸關性是指該資訊具有改變決策的重要性。在判斷上主要包含三個因素：

◆預測價值：如果所提供的資訊能幫助決策者推斷過去、了解現在，並能藉以預測未來的可能結果，則此項資訊即具有預測價值，也當然能夠影響決策。

◆回饋價值：一項資訊若能將過去決策所產生的實際結果回饋給決策者，使其與原預期結果相比較，進而影響未來決策，則這項資訊具有回饋價值。

◆時效性：資訊必須在決策者做決定前提供，才具時效性、也才具有影響力。資訊如果不具時效性，則對決策並不會造成影響，這樣的資訊提供也沒有意義。

除了攸關性外，可靠性也是判斷資訊內容是否有用的原則，所謂的可靠性是指要避免資訊的錯誤與偏差，以確保該資訊能表達出真實的狀況。如果資訊不正確，非但對決策沒有幫助，甚至可能讓決策者做出錯誤的判斷。資訊是否具有可靠性，則可由以下三個因素來判斷：

會計資訊的品質要求有哪些？

1. 符合決策者的需求

能針對不同使用用人的需求，提供符合其所需要的資訊。

客戶
股東
員工

2. 內容可被了解

會計資訊內容能讓使用人在能力範圍內充分了解。

很容易看懂！

3. 有用的決策資訊

還好昨天有看那份報表，不然就判斷錯了！

會計資訊最終在幫助使用人做正確的決策，只要是有幫助的資訊，均須被充分揭露。

為會計資訊中最重要的品質要求

判斷方式A

攸關性
資訊具有改變決策的重要性

預測價值	回饋價值	時效性
能幫助預測事情的可能結果	能將過去所做的決策結果告知決策者	資訊應在做決定前提供

判斷方式B

可靠性
資訊沒有錯誤、偏差，能表達真實狀況

可驗證性	中立性	忠實表達
不同人做同一件事所做的評估應相同	會計人員應保持中立，不預設立場	用最適當的方法來評估企業經濟狀況

4. 可與其他公司相互比較

會計資訊應能讓使用者比較出不同公司的經濟狀況。

5. 採用一致的會計原則

同一家公司不同會計年度的資訊，應採取相同的方法。

◆忠實表達：即會計人員應該試著找出最適當的方法來評估企業的經濟活動，讓企業的經濟狀況能清楚地表達出來。經濟活動如果採取不同的評估方法，常常會產生不同的結果，例如會計人員對機器設備使用年限的評估如果不同，就會導致每年認列的折舊費用數字不一致，而對公司的損益造成不同的影響，因此會計人員應該衡量公司的狀況，並選擇適當的方法，才能忠實表達出公司的狀況。

◆可驗證性：是指不同的人採用同樣的方法衡量同一件事，應該得到相似的結果，以確保會計人員在對經濟活動進行評量時沒有抱持偏見。例如：不同的會計人員對同一批存貨做市價評估時，應該得到相似的結果，則該結果才較可以信任。

◆中立性：會計人員在選擇或制定會計方法時，應該以該方法是否能「忠實表達經濟實況」為第一考量，而非先設定一目標，再去選擇能達成該目標的方法。也就是說，會計人員應該保持中立，不能為了達到預先設立的目標而操縱會計資訊。

比較性與
一致性

此外，會計資計的「比較性」以及「一致性」也是不可必缺的品質，分述如下：

◆比較性：資訊應該能讓使用者比較出不同經濟體的同一經濟事項。也就是說，針對不同公司的相同經濟事項應該採取相同的會計方法，對於不同的經濟事項則採取不同的方法，讓不同的經濟體具有相同的比較基礎。例如，A、B公司對於研究發展成本均認列當期費用、對於短期持有的股票均採用公平市價法評價；如此一來，資訊的使用者才能客觀地比較兩家公司的經濟情況。

◆一致性：資訊使用人常常需要使用前後不同會計年度的資訊，做比較分析或趨勢分析，如果不同的會計年度採用不同的會計方法，做出的分析就缺乏正確性與客觀性了。因此，同一家公司前後不同會計年度的會計資訊應該採取相同的會計原則、方法或程序，讓不同年度的資訊也能相互比較。如果公司原本使用某一種會計方法，一段時間後，覺得該方法並不適用而想採用另一種方法的話，則必須依據新方法調整前期的資訊，使資訊的會計作業基礎仍能保持一致性。

會計資訊需具比較性

A公司

B公司

同一經濟事件

例如：均因研發新產品
而產生研發成本。

| 錯誤做法 | | 正確做法 |

A公司	B公司	A公司·B公司
採用會計方法 a	採用會計方法 b	採用相同會計方法
發生當期認列為研發費用	將研發費用視做成本而遞延至出售時再認列	發生當期認列為研發費用

無法比較 ✕

當期淨利下降　當期淨利較高

具相同作業基礎，因此可做比較

會計資訊需具一致性

不同期的會計資訊可互相比較

A公司

採a會計方法　採a會計方法　採a會計方法

 具一致性

因會計方法不同，無法比較

B公司

採a會計方法　採b會計方法　採c會計方法

 不具一致性

演化中的會計

會計學是一門動態的社會科學,因為,所有的會計慣例及原則都與社會的演化息息相關,隨著社會愈趨豐富與多元,企業的經濟活動也日趨複雜。因此,會計如果沒有跟著適當地調整,就無法將企業的經濟活動及經營結果表達清楚。

會計作業
因應全球
化而整合

許多國家或地區都有特定的會計團體來制定並發布該國或地區所須遵守的一般公認會計原則。由於每個地區的經濟型態或社會文化並不相同,為了符合當地的需求,所制定的會計原則也會有所差異。然而,世界經濟正在全球化,有愈來愈多的跨國企業產生,這些跨國企業在許多國家都有分支機構,如果各個國家所適用的會計原則不盡相同,那麼會計資訊閱讀的難度就會增加,讓管理者面臨困擾。

各地會計原則的不同除了造成管理者的困擾外,也對世界各地的投資人造成理解的障礙。由於各地的資本市場也正走向全球化,例如台灣的公司可能會到美國或歐洲籌資,美國的公司也可能到亞洲發行債券,投資人為了投資外國公司的股票或債券,必須研究外國公司的財務狀況,如果各地的公司都採用不同的會計原則,那麼投資人判斷的難度就會提高,也就增加虧損的機會了。

因此,目前世界各個主要的經濟體都在致力於會計原則及制度的整合,好讓全球化的腳步能更順利地進行,而「國際審計與認證準則委員會(IAASB)」就是為解決全球主管機關及投資人對統合性審計資訊的需求而成立的準則制定機構。

會計必須
符合社會
需求

會計制度與原則經常因為經濟、社會環境的變化而進行調整。例如過去金融商品的種類較少也較單純,因此在會計表達上較無問題,但近年來金融商品日新月異,複雜度大增,原本的會計制度或方法在忠實表達金融商品的價值上已有其困難,因此相關的會計方法就必須調整以因應需求。比方說,過去公司為交易目的所購入的股票在做評價時,採用的是「成本與市價孰低法」,即當股票賺錢時並不認列利益,只有在賠錢時認列損失。但這樣的做法現在被認為過度保守而無法忠實表達股票的價值,因此這個方法將被「公平價值法」所取代,也就是股票在評價時,不論該股票是賺錢或賠錢都應認列利益或損失,以求能忠實表達該股票的價值。這樣的做法較能符合現今社會的需求。

各地會計原則整合的必要性

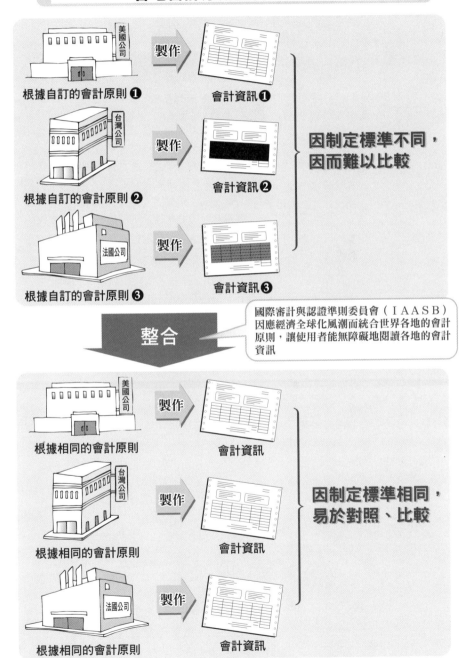

根據自訂的會計原則 ❶ ── 製作 ── 會計資訊 ❶

根據自訂的會計原則 ❷ ── 製作 ── 會計資訊 ❷

根據自訂的會計原則 ❸ ── 製作 ── 會計資訊 ❸

因制定標準不同，因而難以比較

國際審計與認證準則委員會（IAASB）因應經濟全球化風潮而統合世界各地的會計原則，讓使用者能無障礙地閱讀各地的會計資訊

整合

根據相同的會計原則 ── 製作 ── 會計資訊

根據相同的會計原則 ── 製作 ── 會計資訊

根據相同的會計原則 ── 製作 ── 會計資訊

因制定標準相同，易於對照、比較

Chapter 2 會計的基本觀念及法則

看似複雜難懂的會計學，其實背後隱藏著基本的「資產＝負債＋業主權益」觀念，以及簡單的記錄與運算法則，只要能了解這些基本的原理，就會發現會計並沒有想像中那樣艱澀難解。能牢記這些基本的觀念，在學習的過程中必能達到事半功倍的效果。

學習重點

- 會計方程式：資產＝負債＋業主權益
- 企業活動中產生了哪些交易？
- 會計科目有哪些？
- 該如何記錄交易？
- 借貸法則與會計方程式有什麼關係？
- 什麼是雙式簿記？
- 認識會計的循環週期

會計方程式

會計方程式正是整個會計活動進行及財務報表編製的基本原則，再複雜的企業活動，只要透過會計方程式的記錄，都能清楚且簡單地表達。因此，了解會計方程式是進入會計領域的第一步。

公司財務狀況的簡易表達法

什麼是會計方程式？簡單地說就是：資產＝負債＋業主權益。舉一個簡單的例子：假設小明認為經營早餐車是一門好生意，於是就將他身上的存款500,000元當做開店的資本，買了一輛早餐車。這時，小明為了記錄他的早餐車公司的財務狀況，於是便拿了張紙分成兩邊，左邊寫上「公司有什麼」，右邊寫上「誰出的錢」，因為早餐車是早餐車公司的營業工具，因此在左邊寫上早餐車500,000元，又因為買車的錢是小明出的，於是右邊寫上小明出了500,000元。後來，小明發現只有早餐車還是不能做生意，於是又向他的好朋友小張借了10,000元，其中500元買了一個計算機，5,000元買了做早餐的材料，剩下的4,500元做為零錢。當然這些東西也需要記在紙上，才能清楚且完整地表達出小明早餐車公司的財務狀況，於是他在「公司有什麼」那邊寫了計算機500元，材料5,000元及零錢4,500元，因為計算機、材料及零錢的10,000元是向小張借的，於是小明在「誰出的錢」那邊寫了欠小張10,000元。

認識會計方程式

小明也許沒有正式學過會計，但他記錄公司財務的方法其實就應用了會計方程式。為什麼這樣說呢？在會計的定義裡，資產指的是企業所擁有且能在未來產生經濟效益的資源，在上面的例子中，記錄在「公司有什麼」下的早餐車、計算機、早餐的材料及零錢都具有這樣的特性，因此這些都是公司的資產。負債指的是企業必須在將來用金錢、商品或提供服務償還的債務。向小張借的10,000元將來必須還他，因此就是公司的負債。「業主權益」指的是業主對企業的索償權，也就是企業的資產中有多少屬於業主的部分，在上面的例子中，小明所出資的500,000元是小明的索償權。進一步說，小明紙上「公司有什麼」代表的是公司的資產，「誰出的錢」代表著公司的負債及業主權益。在小明記錄的紙上可以發現，紙的左邊的金額等於紙的右邊的金額；也就是說，公司的資產等於公司的負債加上業主權益，而這就是會計方程式的表現。

● 債權與業主權益的差別

公司的資金來自公司債權人及業主本身。債權人借錢給公司是為了收取利息，並不參與公司經營；而業主則對公司經營決策具影響力，且對盈餘有分配權。由於業主對公司索償的權利在債權人之後，因此業主權益也稱為「剩餘索償權」。

會計方程式

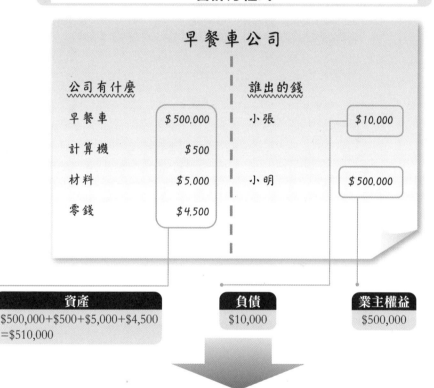

早餐車公司

公司有什麼		誰出的錢	
早餐車	$500,000	小張	$10,000
計算機	$500		
材料	$5,000	小明	$500,000
零錢	$4,500		

資產	負債	業主權益
$500,000+$500+$5,000+$4,500 =$510,000	$10,000	$500,000

會計方程式

資產 ＝ 負債 ＋ 業主權益

| 企業所擁有、能在未來產生經濟效益的資源 | 企業必須在將來用金錢、商品或服務償還的債務 | 企業資產中，業主擁有的部分 |

企業的三大活動

企業藉著從事經濟活動來增加產品的價值,因此會進行許多與獲利相關的活動,那麼企業所從事的活動具體而言有哪些呢?

企業的三大活動

企業就是籌集資金、運用資金增加產品的價值、出售產品後獲取利潤的團體組織。因為企業所有的活動最後幾乎都會與「現金的流入或流出」有關,因此,在會計上,按現金流入及流出的發生原因,將企業的活動分為三類:第一類是營業活動,是指公司為了賺取利潤而從事的活動;第二類是投資活動,也就是為了賺錢所做的投資;第三類是融資活動,則是與公司籌錢相關的活動。

營業活動

營業活動是指所有與企業賺錢(或賠錢)相關的活動,而營業活動所產生的現金流量包括了企業從事行銷活動必須支出的廣告費、從事銷售活動所產生的銷貨收入、購入存貨而必須付給上游廠商的費用,以及從事股票買賣交易所產生的交易利得或損失……等,以上的現金進出就稱為營業活動的現金流量。

投資活動

投資活動指的是與企業的長期投資、固定資產相關的活動。投資活動包括了企業出售或買入以長期持有為目的的股票、購買或賣出廠房設備等固定資產,都會產生現金流出或流入。投資活動所產生的現金流量就稱為投資活動的現金流量。

● 為什麼企業要進行投資活動?

公司往往因為一些商業策略考量而投資某些公司,例如,為求能與上游廠商建立穩固的關係,使供貨更加穩定,而長期持有上游公司的股票。另外公司為了讓營業活動能順利進行,也常常需要購入一些機器設備或生財器具。在小明早餐車公司的例子中,購買早餐車就是購入公司的固定資產,也就是投資活動的現金支出。

融資活動

融資活動則是業主投資企業及企業分配給業主等,與借款償債相關的活動。融資活動包括了企業在分配盈餘時支付股利給股東、為了維持股票流通而購買庫藏股、為籌資而發行新股或公司債、或因公司債到期償還公司債……等所產生的現金流量就稱為融資活動的現金流量。在小明早餐車公司的例子中,小明出資的500,000元及向小張借的10,000元就是屬於融資活動的現金流量。

企業的三大活動

營業活動

阿美成衣要進新的布料

公司為了賺錢而從事的活動,公司大部分的活動均為營業活動。

例如
● 銷售活動
● 行銷活動
● 購買原料

企業的三大活動

阿美成衣公司

投資活動

公司的長期投資、購置從事生產的機器設備等固定資產或對其他公司的策略性投資。

例如
● 購買固定資產
● 長期投資

阿美成衣所有

租

融資活動

與公司籌資、借款、償債等相關的活動。

例如
● 業主投入資金
● 支付股利
● 購買庫藏股
● 發行新股

阿美成衣公司掛牌上市

企業交易的記錄

會計的財務報表是企業在一段時間內，將企業因為經濟活動所產生的交易加以記錄、整理、分類，最後彙整而成的資料。由此可見，企業活動所產生的各項交易是會計人員所關注的焦點。

什麼是企業的交易

　　一般所謂的交易，指的是一種交換的行為。例如甲因為想出國旅行而向航空公司買機票就是一種交易，因為甲用錢向航空公司「交換」了機票。然而，在會計上所指的交易除了具交換性質的事件，還包括了不具交換性質的事件。只要是使得企業資產、負債或業主權益產生變化的事項，皆稱為交易事項，均需要記錄。例如小張贈送小明的早餐車公司一台瓦斯爐，這是純粹的贈與，並不具交換的性質，但因為這使得早餐車公司的資產增加，因此在會計上就視為一項交易而必須加以記錄。又例如小明的早餐車因為颱風而導致部分損壞，這並不涉及交換行為，但由於早餐車損壞使得公司資產的價值減少，也使業主的權益減少，因此在會計上也被視為需要加以記錄的交易。

●交易結果有時不只一個

一個企業活動有時候會產生不只一個交易結果，例如公司將保固的產品賣給顧客，這活動同時產生了銷售產品的交易和售後服務的交易。也就是說，在這個活動中，由於出售產品而使公司的存貨減少，現金增加；又由於公司未來可能負有維修責任，因此負債增加。

企業活動產生企業交易

　　企業的活動按現金收入或支出的發生原因，可以分為營業活動、投資活動及融資活動。由於企業活動會使企業的現金產生變化，而現金是公司資產的一種；那麼，按照會計方程式「資產＝負債＋業主權益」的原則，既然現金（資產）有所變化，方程式的其他部分也必然產生變動，才能維持等式，換句話說，企業活動會導致企業資產、負債或業主權益出現變化。例如，小明購買製造早餐的材料是屬於營業活動的一種，在購買材料的交易過程中，小明須付錢給廠商並換回材料，由於這項交易造成了資產的變化，因此必須加以記錄。

　　企業每天發生的事項眾多，但並不是每件事都必須鉅細靡遺地記錄下來，基本上，只要關乎企業營業、投資、融資活動，而使企業資產、負債或業主權益產生變化的交易事項，就必須加以記錄。

可客觀估計的事項才能記錄

企業中，常有一些事項由於其影響的金額無法客觀估計，因此沒有記錄。例如，公司請了一位專家來輔導員工，使其工作更有效率，但由於增加效率的多寡不易客觀估計，因此並不記錄增加的效率，而只能記錄支付給專家的報酬。

必須加以記錄的交易舉例

企業活動類型		交易的方式

		減少的東西	增加的東西

營業活動

| 情況 1 | 銷售活動 | 產品 | | |

| 情況 2 | 行銷活動 例如刊登廣告 | | | 廣告 |

| 情況 3 | 購買原料 | | | 原油 |

投資活動

| 情況 1 | 購買固定資產 例如公司車 | | | |

| 情況 2 | 長期投資 例如投資上游 公司股票 | | | 股票 |

| 情況 3 | 賣出長期持有 的股票 | 股票 | | |

融資活動

| 情況 1 | 股東投入資金 | 公司股票 | | |

| 情況 2 | 購買庫藏股 | | | 公司股票 |

| 情況 3 | 發行公司債 | 債券 | | |

企業交易對會計方程式的影響

既然所有的企業活動都會產生交易，交易會使得企業資產、負債或業主權益產生變化，由會計方程式可知「資產＝負債＋業主權益」，那麼，企業活動的每一項交易究竟對資產、負債、業主權益造成了哪些具體變化呢？

營業活動交易的影響　　　與企業賺錢或賠錢相關的營業活動所產生的交易，依其交易性質的不同會使資產、負債、業主權益的內容出現變化。例如在小明早餐車公司的例子中，小明購買製造早餐的材料就是屬於營業活動相關交易。小明用現金5,000元買了5,000元的材料，因此在資產底下的現金減少5,000元，而材料則多了5,000元。在會計方程式中所產生的變化為：

$$資產＝負債＋業主權益$$

買材料前 $\quad \dfrac{現金}{10,000元} + \dfrac{早餐車}{500,000元} = \dfrac{小張借款}{10,000元} + \dfrac{小明權益}{500,000元}$

買材料後 $\dfrac{現金}{5,000元} + \dfrac{材料}{5,000元} + \dfrac{早餐車}{500,000元} = \dfrac{小張借款}{10,000元} + \dfrac{小明權益}{500,000元}$

投資活動交易的影響　　　同樣地，與企業長期投資、固定資產相關的投資活動所產生的交易也會使資產、負債、業主權益的內容產生實際的變化。小明購買早餐車就是屬於公司固定資產的購入，為投資活動相關的交易。小明在向小張借10,000元前，用他出資的資本現金500,000元購入早餐車，現金和早餐車雖然都屬於「資產」，但在購車前「資產」中全為現金，而在購車後，資產中的減少了500,000元，另外則增加了早餐車一部500,000元。在會計方程式所產生的變化為：

$$資產＝負債＋業主權益$$

購車前 $\quad \dfrac{現金}{500,000元} = \dfrac{負債}{0元} + \dfrac{小明權益}{500,000元}$ （向小明借款前）

購車後 $\dfrac{現金}{0元} + \dfrac{早餐車}{500,000元} = \dfrac{負債}{0元} + \dfrac{小明權益}{500,000元}$

融資活動交易的影響　　　融資活動交易是指業主對公司的資本投資及公司盈餘分配給業主等、與舉借和償還債務等有關的活動而產生的交易。而小明出資的500,000元及向小張借的10,000元就是屬於融資活動交易。當公司還沒人出資前，公司沒有任何資產、負債或業主權益，其會計方程式為：0元＝0元＋0元，而當小明出資500,000元以及向小張借10,000元後，會計方程式為：現金510,000元＝小張借款10,000元＋小明權益500,000元。

交易對會計方程式的影響

以早餐車公司交易為例：

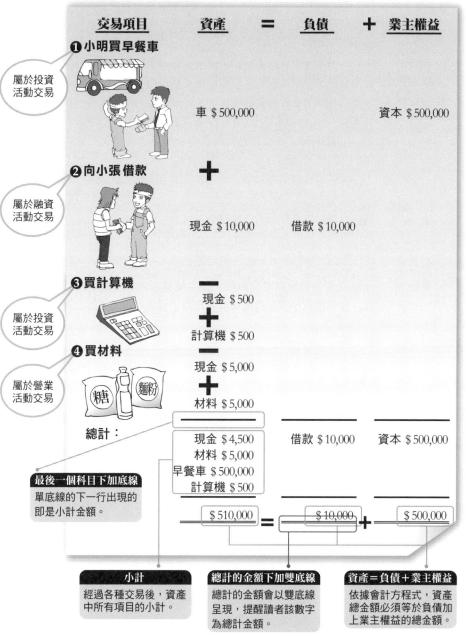

交易項目	資產	=	負債	+	業主權益
❶ 小明買早餐車 *屬於投資活動交易*	車 $500,000				資本 $500,000
❷ 向小張借款 *屬於融資活動交易*	現金 $10,000		借款 $10,000		
❸ 買計算機 *屬於投資活動交易*	現金 $500 計算機 $500				
❹ 買材料 *屬於營業活動交易*	現金 $5,000 材料 $5,000				
總計：	現金 $4,500 材料 $5,000 早餐車 $500,000 計算機 $500		借款 $10,000		資本 $500,000
	$510,000	=	$10,000	+	$500,000

最後一個科目下加底線
單底線的下一行出現的即是小計金額。

小計
經過各種交易後，資產中所有項目的小計。

總計的金額下加雙底線
總計的金額會以雙底線呈現，提醒讀者該數字為總計金額。

資產＝負債＋業主權益
依據會計方程式，資產總金額必須等於負債加上業主權益的總金額。

會計五大要素與會計科目

公司每天所發生的交易繁多、事項錯綜複雜,都需要詳盡地記錄下來,為了將眾多交易明確地歸納分類,會計依據事項性質與內容的不同,分為資產、負債、業主權益、收入及費用五大類,也就是會計的五大要素。

從會計五大要素了解公司財務狀況

　　一般而言,財務報表的使用者最想知道的就是公司的財務狀況及經營結果。財務狀況的好壞大概可以從三方面去了解:首先得先知道公司到底擁有什麼,也就是公司的「資產」到底有多少;再來得知道公司有沒有欠錢,也就是有多少「負債」;最後得知道公司經營的自有資本到底有多少,也就是「業主權益」是多少。

　　至於經營結果的好壞、公司到底賺不賺錢,就必須了解公司的「收入」是不是大於「費用」。因此,要掌握公司的財務狀況及經營結果,最基本、也最重要的就是要了解會計的五大要素─資產、負債、業主權益、收入以及費用。

認識會計科目

　　知道了會計的要素後,雖然能大致了解公司基本的財務狀況及經營結果,但仍然不夠明確。例如,現金與存貨雖然都是公司的資產,性質卻不相同:現金隨時可以用來償還負債或購買設備,但是存貨卻不能;存貨得先賣出後才能換取現金,而且如果賣不出去,存貨還有可能變得沒有價值。因此,想要更清楚地了解這些會計要素的內容,就要再將資產、負債、業主權益、收入以及費用等五大要素依實際不同的性質細分成符合各種交易名目的「會計科目」,如此一來,才能詳細且具體地表達出企業的營運實況。較常見的會計科目有以下幾種:

◆資產類:資產是公司所擁有的資源,在未來可以為公司賺取利潤,資產依變現的速度可分為流動資產及非流動資產,流動資產為一年或一個營業週期(是指公司從投入資金購買生產用的原料,到完成製成品並出售,最後收回現金的時間)即可變現的資產,流動資產包括現金、銀行存款、應收帳款、應收票據、備抵壞帳、存貨、預付費用等;非流動資產則是指大於一年或一個營業週期才能變現的資產,包括土地、房屋、設備等,以及沒有實體的無形資產,包括專利權、版權、商標等(參見〈Chapter 3資產科目〉)。

◆負債類:負債是公司在未來必須以資產償還的欠債,可依清償的期間長短分為流動負債和長期負債,流動負債為一年或一個營業週期內償清的負債,包括應付帳款、應付薪資、應

付費用、應付所得稅、預收貨款等；長期負債則是不屬於流動負債的負債，包括應付票據、應付公司債、遞延所得稅等（參見〈Chapter 4負債及股東權益相關科目〉）。

◆業主權益類：業主權益是公司資產減去負債，也就是業主所擁有的部分，依不同來源可以分為股本、資本公積、保留盈餘等（參見〈Chapter 4負債及股東權益相關科目〉）。

◆收入類：企業的收入多來自於銷售商品，依來源的性質不同可以分為銷貨收入、銷貨退回、銷貨折讓、銷貨折扣、利息收入、租金收入及佣金收入等（參見〈Chapter 5損益表及業主權益變動表〉）。

◆費用類：費用是公司營運所產生的成本，包括進貨費用、進貨退回、運費、薪資費用、廣告費用、水電費、折舊費用及所得稅費用等（參見〈Chapter 5損益表及業主權益變動表〉）。

會計要素的分類

五大要素	性質分類	意義	舉例
資產類	流動資產	在一年或一個營業週期內可變現的資產	現金、應收帳款
	長期投資	公司長期投資的股票或債券	股票投資、債券投資
	固定資產	公司為了營運所需而投入的資本	土地、房屋、汽車
	無形資產	長期供企業營業使用，並能為企業帶來經濟效益，卻不具實體的資產	商譽、專利權
負債類	流動負債	公司必須在未來一年或一個營業週期內用金錢、商品或提供服務來償還的債務	應付帳款、應付費用
	長期負債	公司對外舉債做長期營運之用的資金	應付公司債、應付票據
	其他負債	公司負債非歸類於流動及長期負債的項目	遞延所得稅、存入保證金
業主權益類	股本	股東投入的資本屬於票面價值的部分	普通股、特別股
	資本公積	股東投入的資本超過票面價值的部分	股本溢價、受贈資本
	保留盈餘	公司經營結果的累積	累積盈餘、本期損益
收入類	營業收入	公司主要營業活動所產生的收入	銷貨收入、銷貨折讓
	營業外收入	非公司主要營業活動所產生的收入	利息收入、股利收入
費用類	銷貨成本	公司因銷售商品所產生的成本	進貨成本、進貨運費
	營業費用	公司因營業活動而產生的費用	廣告費、研究費
	營業外費用	非因公司主要營業活動產生的費用	利息費用、處分投資損失

簡易的借貸法則

為了最終能製成詳實正確、符合使用者需求的財務報表，會計人員平日就必須將企業所發生的各種交易事項依據所屬的會計科目以借貸法則記錄下來。

財務報表是會計科目記錄的加總

財務報表上表達的是公司在某一特定時間點的財務狀況，以及在某一段時間內的經營結果，這些結果實際上就是將企業所發生的各項交易依其所屬的會計科目記錄後加總彙整所得的餘額。因此，為了正確地得到各個會計科目的餘額，公司平時就必須記錄每個交易項目的變化。T字帳就是一種簡單的記錄方法。

什麼是T字帳

名為T字帳，是因為其形式與英文字母「T」字非常相似。其格式如下：

科目名稱

| 借方（左方） | 貸方（右方） |

在T字上方寫上科目名稱，如現金、短期借款等；T字下方左右兩邊則分別代表借方及貸方。「借」、「貸」兩字在此處並無特別意義，只是代表科目金額增加或減少的左右兩個符號而已。

認識借貸法則

T字帳的借貸兩方，一方代表科目金額的增加，另一方代表科目金額的減少。但並非所有科目金額的增加都會記在左方，或減少都會被記在右方，因此，哪些科目的增加（減少）應記在借方，哪些科目的增加（減少）應記在貸方的規則，就叫做「借貸法則」。

會計的初學者對借貸法則常常感到困擾，其實只要掌握了原則，就能輕易辨認。這個原則就是在記錄科目金額的增減時，先確定該科目是屬於會計方程式等號左邊的資產科目、還是右邊的負債及業主權益科目。如果是左邊的資產科目，則該科目的增加應記在T字帳的左邊，減少則應該記在右邊；例如現金屬於「資產」科目，當現金增加時應記在「現金」科目下的T字帳借方（左方），若現金減少，就應記在「現金」科目的T字帳貸方（右方）。相反地，如果是屬於右邊的負債科目或業主權益科目，則該科目的增加應記在T字帳的右邊，減少則應該記在左邊，例如短期借款屬於「負債」科目，當短期借款增加時表示負債增加，所以必須記在「短期借款」科目下的T字帳貸方

（右方）。至於收入科目與費用科目，因為是關係公司賺不賺錢的科目，應屬於業主權益，所以其適用規則應配合業主權益科目，例如，收入科目的增加會使業主權益增加，所以應記在右邊；費用科目增加會使業主權益減少，所以應記在左邊。

從會計方程式了解借貸法則

Step 1 熟記會計方程式
資產＝負債＋業主權益
資產＝負債＋（資本＋收入－費用）

> 業主權益＝資本＋收入－費用

Step 2 判斷交易科目屬於會計方程式中的資產、負債、業主權益的哪一個項目

Step 3 屬於資產類時，使資產增加的科目均記於T字帳的左方，使資產減少的科目則應記於T字帳的右方

Step 4 屬於負債類或業主權益類時，使負債或業主權益增加的科目均記於T字帳的右方，會使其減少的科目則應計於T字帳的左方

會計科目名稱

借方（左方）	貸方（右方）
資產增加	資產減少
負債減少	負債增加
業主權益減少	業主權益增加
收入的減少	收入的增加
費用的增加	費用的減少

「資產」類在會計方程式左方，會使資產增加的科目均記在左方

相反地，會使負債減少的科目均記在左方

相反地，會使業主權益減少的科目均記在左方

相反地，收入的減少會使業主權益減少，所以記在左方

費用的增加會使業主權益減少，因此記在左方

相反地，會使資產減少的科目均記在右方

「負債」類在會計方程式右方，會使負債增加的科目均記在右方

「業主權益」類在會計方程式右方，會使業主權益增加的科目均記在右方

收入的增加會使業主權益增加，因此記在右方

相反地，費用的減少會使業主權益增加，所以記在右方

雙式簿記

記錄公司各項交易的會計科目時,除了確實依照借貸法則外,還必須做成「雙式簿記」將交易科目影響所及的科目和金額記錄下來。

單式簿記與雙式簿記

一般人在記錄自己的資產時,通常都只記錄T字帳的單邊,例如小華花了100元買了一把傘,通常只會記錄自己現金少了100元,這就叫做「單式簿記」。然而,單式簿記並不能把一個交易完整地記錄下來,如果時間久了,小華看他的記錄,大概只能知道哪一天花了100元,卻想不起來這100元買了什麼。所以說,如果要完整地記錄一筆交易,小華應該同時記下現金減少100元,且增加一把100元的雨傘,這就是「雙式簿記」概念。換句話說,雙式簿記意味著企業進行的每筆交易至少會影響到兩個以上的會計科目金額,因此會計記帳時必須將交易影響所及的科目分列為借方與貸方,並將借貸雙方的金額加以記載,這就是雙式簿記的原則。為求記錄的完整,企業在記錄交易時都應該採用雙式簿記。

簡單交易與複合交易

進行雙式簿記時,如果某項只影響到兩個會計科目金額,稱做「簡單交易」;如果該交易影響到三個科目以上的金額,就叫做「複合交易」。例如某公司用1,000,000元現金買了一輛公務車,就只影響到現金及固定資產(公務車)兩個科目,也就是資產類中的現金減少、固定資產增加,因此為簡單交易;但如果公司用500,000元現金及開了一張500,000元的支票去買公務車,則影響到三個科目:現金、應付票據(支票)及固定資產(公務車),即資產類中的現金減少、固定資產增加,以及負債類的應付票據增加,所以是屬於是複合交易。

雖然每筆交易所影響的科目數量可能不一樣,但每筆交易所影響的科目的「借方總額」一定會等於「貸方總額」。這是因為交易對科目金額的影響是按照借貸法則記錄的,而借貸法則又是依據會計方程式「等號左右兩邊相等」的大原則,來決定科目增減記錄的方向,所以,交易對借方影響的總額必定等於對貸方影響的總額;也由於所有的交易都符合這個規則,因此所有科目的借方總額必等於貸方總額。

雙式簿記的做法

以小明早餐車公司的所有交易為例：

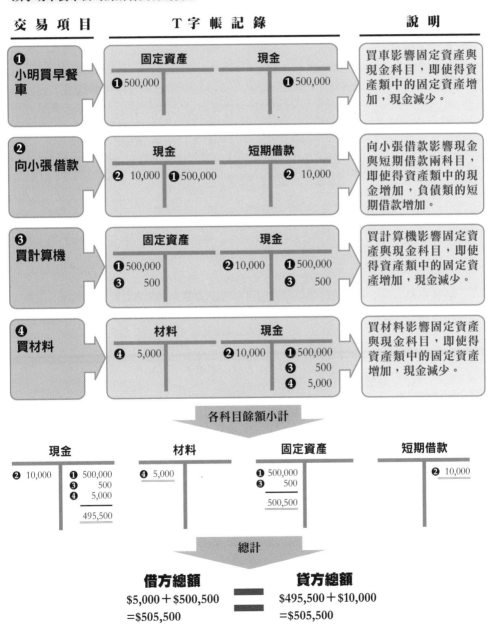

| 交 易 項 目 | T 字 帳 記 錄 | 說 明 |

❶ 小明買早餐車
固定資產　❶ 500,000
現金　　　❶ 500,000
買車影響固定資產與現金科目，即使得資產類中的固定資產增加，現金減少。

❷ 向小張借款
現金　❷ 10,000　❶ 500,000
短期借款　❷ 10,000
向小張借款影響現金與短期借款兩科目，即使得資產類中的現金增加，負債類的短期借款增加。

❸ 買計算機
固定資產　❶ 500,000　❸ 500
現金　❷ 10,000　❶ 500,000　❸ 500
買計算機影響固定資產與現金科目，即使得資產類中的固定資產增加，現金減少。

❹ 買材料
材料　❹ 5,000
現金　❷ 10,000　❶ 500,000　❸ 500　❹ 5,000
買材料影響固定資產與現金科目，即使得資產類中的固定資產增加，現金減少。

各科目餘額小計

現金
❷ 10,000 | ❶ 500,000　❸ 500　❹ 5,000
495,500

材料
❹ 5,000

固定資產
❶ 500,000　❸ 500
500,500

短期借款
❷ 10,000

總計

借方總額
$5,000＋$500,500
＝$505,500

＝

貸方總額
$495,500＋$10,000
＝$505,500

會計循環

編製財務報表的目的是為了清楚地將公司的財務狀況及經營結果表達出來。而從公司發生各項交易開始，到財務報表的編製為止，所有交易的財務資訊必須經過完整的整理及彙整的程序才能表現在財務報表上，這也就是一個「會計循環」過程。

會計的程序

當交易發生時，會計人員就要記錄交易對會計科目的影響，而T字帳是一種簡單的方法，但由於一般公司每天發生的交易很多，如果每筆交易都得用T字帳記錄，可能會很耗時；因此，一般都是先把每筆交易對會計科目的影響分別列於借方或貸方，以雙式簿記方法記錄在日記簿，也就是「分錄」。例如小明在期中向小張借10,000元，此時分錄為：借現金10,000元，貸短期借款10,000元；再用現金買了500元的計算機，分錄為：借固定資產500元，貸現金500元；小明又買了材料5,000元，此時分錄為借材料5,000元，貸現金5,000元。經過一段時間後，再將那段時間內日記簿所有的分錄分別轉記到總分類帳所屬的會計科目去，這個程序就叫「過帳」。比如小明將三筆交易的現金分錄分別計入總分類帳的「現金」科目項下，則可以計算出現金科目最後的餘額為借方4,500元（借現金10,000元－貸現金500元－貸現金5,000元）。過完帳後，按理說所有科目的借方總額必定等於貸方總額，如果不同則必須找出錯誤並更正，使兩方相等。確定無誤後，再針對一些科目需異動的金額做必要的調整。調整後確認所有的科目金額都正確，再用這些科目的餘額編製財務報表。

編完財務報表後，公司在該會計期間內收入與費用科目相減的餘額，即公司的營運結果就計算出來，將此營運結果計入業主權益科目之下的過程就叫「結帳」。這就完成了整個會計的循環。整體來看，會計循環為：交易發生→編寫分錄→過帳→檢驗正確性→調整分錄→編製財務報表→結帳。下一個會計期間的開始，就再重新走一次同樣的程序。

為什麼需要調整分錄

在整個會計循環中有一個程序是調整分錄。一般狀況下，企業發生交易時，就應將該交易對會計科目的影響記錄下來。但在期末時，由於有些交易對會計科目的影響已經有了變化，為求能正確地呈現科目的餘額，通常必須做科目餘額的調整，也就是調整分錄。例如，小明在期中用現金買了5,000元的材料，此時分錄為：借材料5,000元，貸現金5,000元。但在期末時，其中1,000元的材料已經壞了不能再使用，所以，在期末時應該將材料的科目餘額調成4,000元，所以調整分錄就是：借材料損壞費用1,000元，貸材料1,000元。

● 借貸法則的應用

由於材料屬於資產科目，按照借貸法則，資產科目的減少必須記在右邊的貸方；材料損壞屬於費用科目，按照借貸法則，費用科目的增加會使業主權益減少，因此必須記在左邊的借方。

會計循環：從交易開始到財務報表完成

一個會計期間開始

8. 結帳

將營運結果，即收入與費用相減所得的餘額記入業主權益之下。

7. 編製財務報表

將每一會計科目最後正確的餘額編製成四大報表，包括資產負債表、損益表、現金流量表、業主權益變動表。

6. 調整分錄

針對需異動的科目進行調整。
例如：有些材料出現損壞情形，因而必須將損壞的部分提列費用，所以應做調整分錄：借材料損失費用$1,000，貸材料$1,000

5. 試算正確性

檢查借方總額是否等於貸方總額，若不相等，須除錯，使借、貸兩方總額相等。

1. 企業活動

企業進行的活動包括營業活動、投資活動、融資活動。

2. 交易發生

企業交易包括營業交易、投資交易、融資交易。

3. 編寫分錄

將交易對會計科目的影響按雙式簿記方式記錄於日記簿。
例如：借材料$1,000，貸現金$1,000

4. 過帳

每隔一段時間（通常是每個月）將分錄登記到所屬的會計科目。
例如：將所有現金相關分錄計入資產類中的現金科目；將短期借款的分錄記入負債類的短期負債科目。

Chapter 3 資產科目

「資產」是人人耳熟能詳的名詞,也是會計學裡的要角,資產之所以重要,是由於每個企業都擁有許多資產,例如現金、銀行存款、投資、存貨、設備……,以供營運支出之需。企業的資產時有增減,其變動的過程與結果是會計人員必須清楚掌握的,本篇將說明會計裡的資產科目的意義及特性,幫助你更了解會計學的內涵。

現金的特性及管理

現金,一般人可能覺得「現金不就是鈔票嗎?」,但在會計的領域裡,現金並不只是鈔票,其所涵蓋的範圍更大、形式也更多。毫無疑問地,現金是會計科目裡最重要的科目之一。

現金的特性

在日常生活中,人們通常認為現金就是紙鈔或是硬幣,但在會計上所指的現金範圍卻大得多。在會計上,凡是需用時可以立即兌換成貨幣用以購買商品、服務(即提供勞務,如維修)或償還債務的資產都稱為現金,在這樣的定義下,公司的零用金、銀行存款(用途未受限制的存款)、即期支票(可以立即兌現之支票)、銀行匯票、郵政匯票都可稱為現金。

現金有兩個基本的特性,第一個特性為「流通性」,也就是該貨幣受到政府的官方認可,可以在當地用來支付任何款項;另一個特性是「用途不受限制」,即公司能自由地使用該貨幣,假設A公司有一筆銀行存款,但該存款的用途被限制在只能用來償還某一筆負債,在這樣的限制下,這筆存款在會計上就不能稱為現金。

現金的管理

現金科目的帳務處理極為簡單,會計人員僅需要依據現金的增減,在T字帳上的借方或貸方將該科目記錄下來即可。然而,在公司的資產裡,由於現金要用來支付各項費用,是公司最具流通性的資產,因此極容易被挪用或遭竊,所以做好現金的管理、避免舞弊的發生就是一件重要的工作。以下就是現金管理的重要的原則:

◆明確規定現金交易的流程:現金交易的流程規定必須清楚,讓公司內與現金流動相關的人員能遵守規定。

◆職能分工:不相容的工作應由不同的人負責,例如出納與會計工作經由不同人負責。

◆多人經手相互監督:一項交易的完成盡量由多人負責,避免單一人員得以操縱整個交易的流程,而無法互相監督。

另外,零用金制度是另一個加強現金管理的重要方法。零用金是指公司將定額的現金交由專人保管,當公司有小額且零星的支出,例如計程車費、郵票、水電費等等,則由這筆零用金支付;其他較大額的支出,例如繳稅或交付貨款,則使用支票或匯款以保留憑證,這樣就可以加強現金的管控了。

現金的種類及特性

零用金

銀行存款

即期支票

銀行、郵局匯票

可立即兌現

現金

特性1　具有流通性
受官方認可、在各地均能使用

特性2　能自由使用
用途不受限制，可依需求自由支配運用

可購買 → **商品**

可購買 → **服務**

可償還 → **債務**

可支付 → **費用**

銀行存款調節表

公司的現金除了零用金是由專人保管外，其他的幾乎都存放在銀行，所以銀行存款餘額的管理就直接關係到公司現金管理的優劣。因此，定期核對公司現金帳的餘額與銀行戶頭餘額、更正錯誤，就是現金管理的重要步驟。

定期核對公司帳與銀行記錄

　　由於現金是公司最具流動性的資產，每天從銀行戶頭支付或收取的現金可能多達數十筆甚至數百筆，過程中難免會發生錯誤，所以銀行通常每個月都會寄發存款餘額對帳單，供公司核對其餘額是否正確。而會計人員必須定期將公司現金帳的餘額與銀行戶頭的餘額做比較，修正差異。而兩方的會計人員用來調整兩方現金餘額差異的報表，就稱為「銀行存款調節表」。

常見的差異原因

　　一般而言，公司存款餘額與銀行帳戶餘額差異發生的原因可分為三大類：

◆第一類為公司已入帳但銀行尚未入帳。這一類的發生原因可分為兩種：一種稱為「在途存款」，指的是公司已將現金或票據送至銀行，但由於銀行已經超過票據交換時間或營業時間，因此並未入帳；另一種為「未兌現支票」，指的是公司已簽發支票來支付帳款，但由於受款人尚未去銀行兌現，因此銀行尚未入帳。這一類的差異由於公司帳上是對的，所以應調整的是銀行的餘額，公司應通知銀行更正餘額。

◆第二類為銀行已入帳而公司未入帳。發生原因也可分為兩種：一種為銀行代公司付款，但尚未通知公司入帳，例如公司委託銀行轉帳水電費、電話費等；另一種為銀行代公司收款，但尚未通知公司入帳，例如銀行代收股款、代收利息收入、託收票據收現。這一類的差異由於銀行帳上是對的，所以應調整的是公司的餘額。

◆第三類是公司或銀行的帳發生錯誤。公司或銀行在入帳時，有可能入錯數字，例如將568記成586。另外，公司在入帳時有可能入錯戶頭，或銀行將別的客戶的存款計入公司的存款。這樣的錯誤發生時，如果是公司的帳錯了，公司就應該將帳調整成正確餘額；如果是銀行的帳錯時，公司應通知銀行更正。

存款餘額差異的調節

銀行寄發存款餘額對帳單

實例 小明的早餐車公司96年12月底的銀行對帳單餘額是$920,000，公司帳上的餘額是$1,030,000。

核對

找出公司帳與銀行戶頭餘額的差異

銀行錯帳
- 12月30日公司存入票據$306,000，銀行尚未入帳；
- 12月24日公司已簽發的支票中有$16,000，持票人尚未去兌現，所以尚未從銀行存款中減除；
- 12月18日銀行入錯帳，少計入$8,000，必須加入銀行帳中。

公司錯帳
- 11月30日銀行託收公司客戶票據$286,000，已由銀行收妥入帳，但尚未通知公司，因此公司帳上必須加入；
- 12月12日公司存入一張票據$98,000，因債務人存款不足遭退票，必須從公司帳上扣除。

調整

早餐車公司
銀行調節表
上海商銀
96年12月1日至12月31日

96/12/31	銀行對帳單餘額	$920,000
96/12/30	加：在途存款	$306,000
96/12/24	減：未兌現支票	($16,000)
96/12/18	加：入錯帳	$8,000
97/ 1/ 1	正確餘額	$1218,000
96/12/31	公司帳上餘額	$1,030,000
96/11/30	加：銀行代收票據	$286,000
96/12/12	減：存款不足遭退票	($98,000)
97/ 1/ 1	正確餘額	$1218,000

公司帳與銀行帳的現金餘額相等
公司及銀行兩邊各自調整後，現金餘額若相等就表示調整完成。

投資

企業平日除了經營本業之外，也會為了獲取財務上或營業上的利益而從事投資。投資所獲得的收入也會列入公司的資產負債表中，是使用者在檢視公司資產時必須留意的項目。

公司投資的目的

投資指的是公司購買資產，並期待所投資的標的可增值或定期產生收益。對公司而言，投資不但能增加資金運用的彈性，使公司收益的來源更加多元，也能透過投資的方式來達成策略上的目的，如控制被投資的公司或與被投資公司建立穩定的業務關係，因此，投資行為對公司而言非常重要。一般表達於資產負債表上的投資主要是金融資產的投資，包括股票、債券、基金。

什麼是債券？

債券是由公司或政府機構等借款人所發行一年以上的長期債務憑證。借款人同意在特定時間支付債券持有人利息，並在到期日償還本金。債券利息會參考發行時的銀行利率，發行日至到期日可能短至一年，也可能長達數十年。

34號公報公布前股權投資的分類

我國原本將投資分類為「短期投資」及「長期投資」兩類。「短期投資」是指公司為了近期內出售獲利而持有其他公司股票，例如：A公司判斷台積電前景看好，故以每股60元購入該公司股票，一星期後A公司以每股65元出售該股票，則每股獲利5元；長期投資則是指公司為了出售獲利之外的特殊原因而購入其他公司的股票、並準備長期持有的投資，例如，為了整合上、下游的協力廠商，讓生產線能更有效率而投資其股票，或為了消除競爭對手而投資競爭公司。

34號公報公布後投資的分類

然而，由於近年來金融商品發展日新月異，公司的投資標的日趨複雜，財政部財務會計準則委員會為了使公司帳上的投資金額能更忠實表達投資的意義及目的，在民國95年1月1日實施第34號公報，該公報基本上將投資分類為三種：

◆第一種是「以交易為目的」的投資，例如公司持有股票乃是為了短期交易獲利，則該投資即屬於以交易為目的投資。

◆第二種是「以持有至到期為目的」的投資，例如一般企業為
獲取利息收入、到期還本而購買的債券（如政府公債、公司
債）就是以持有至到期為目的的投資。

◆第三種是「備供出售為目的」的投資，基本上只要是第一種
及第二種以外的投資都屬於備供出售為目的的投資。例如公
司持有該股票是為了經營策略而長期持有、並非以交易為目
的，且股票無到期日，無法持有至到期，故屬於此類。在此
類中若投資股權占發行公司股權的比率達20%以上、對於被
投資公司經營產生重大影響力時，稱為「長期股權投資」。

投資的期中評價

　　公司購入投資標的後，因其價值在持有期間通常都會有所
變動，因此需要定期為其評價，在會計上稱為「期中評價」。除
了「以持有至到期為目的」的投資是採「成本法」做為評價方
式，也就是以投資時產生的交易成本（包括購買價格、手續
費、稅捐）入帳而不需做期中評價之外，「以交易為目的」及
「備供出售為目的」的投資期中評價均採「市價法」，也就是以
股票在評價時的市價為標準，如果市價高於投資成本則認列投
資利益；反之認列投資損失。製作財務報表時，「以交易為目
的的投資」期中評價損益被視為公司當期的收入或費用，需計
入損益表之下的「金融評價利益（或損失）」。但「備供出售」
的投資則被視為股東權益的調整，不計入損益表，而是計入資
產負債表的股東權益項下。

　　此外，在「長期股權投資」方面，會計上為了更準確表達
「投資公司對被投資公司具有影響與控制力」的特性，則會採取
較特殊的會計處理方法—權益法—來評價，權益法即投資公司
以被投資公司公布的淨利（損）為依據，按投資者的持股比例
來認列投資收益（或損失）。若被投資公司有淨利，投資公司在
會計分錄時應借記「以權益法計價之長期股權投資」以表達投
資價值的增加，同時貸記「投資收益」；被投資公司發生淨損
時，投資公司應借記「投資損失」，同時貸記「以權益法計價之
長期股權投資」以表達投資價值的降低。在編製公司損益表
時，「長期股權投資」投資收益被視為公司本業經營外的收
入，應計於損益表下的「公司營業外收入與利益」，相反地，投
資損失則是計入損益表下的「營業外費用與損失」。

投資的分類與期中評價的做法

1. **以交易為目的的投資** — 公司進行投資的目的是為了在短期內出售獲利

實例 東凱公司96年2月3日以交易為目的購入A公司股票5,000股，每股$60，總計 $300,000（5,000股×每股$60），另外支付了手續費$428，則應做的分錄如下：

96/2/3 借：交易目的投資一股票　　　300,428
　　　　（5,000股×股票市價$60）＋手續費$428

　　　　　貸：現金　　　　　　　　　　　　300,428

> 投資屬於資產科目，資產的金額增加時，需記於 T 字帳的左方，即借方

> 現金屬於資產科目，資產的金額減少時，需記於 T 字帳的右方，即貸方

期中評價 採用「市價法」。以股票在期中評價時的市價做為評估標準，如果市價高於投資成本則認列投資收益；反之認列投資損失。

實例 東凱公司於96年6月30日進行評價，該股市價為$65大於購入價$60，期中評價分錄如下：

96/6/30 借：交易目的投資一股票　　　25,000
　　　　（5,000股×股票市價$65）－股票購入成本$300,000

　　　　　貸：投資收益一損益表下　　　25,000

> 投資屬於資產科目，資產的金額增加時，需記於 T 字帳的左方，即借方

> 投資收益屬於收入科目，收入的金額增加時需記於 T 字帳的右方，即貸方

2. **以持有至到期為目的的投資** — 公司進行投資的目的是在持有期間領取利息，且到期可還本

實例 東凱公司96年1月1日投資為期一年、面額$100,000的公債$100,000，票面利率3%，每年年中付息，則應做的分錄如下：

96/1/1 借：持有至到期之投資一公債　　100,000

　　　　　貸：現金　　　　　　　　　　　　100,000

> 投資屬於資產科目，資產的金額增加時，需記於 T 字帳的左方，即借方

> 現金屬於資產科目，資產的金額減少時，需記於 T 字帳的右方，即貸方

期中評價 採用「成本法」。因會持有該債券至到期日，故期中不另做評價，而是於收息日借記現金、貸記利息收入。

3. 以備供出售為目的的投資①

公司進行投資是為了長期持有以達經營策略目的

實例 東凱公司96年1月2日以備供出售為目的購買B公司股票5,000股，每股$50，總計$250,000（5,000股×每股$50），另外支付了手續費$600，則應做的分錄如下：

96/1/20　借：備供出售的投資—股票　250,600
　　　　　　（5,000股×股票市價$50）＋手續費$600

　　　　　　貸：現金　　　　　　　　　250,600

> 投資屬於資產科目，資產的金額增加時，需記於 T 字帳的左方，即借方

> 現金屬於資產科目，資產的金額減少時，需記於 T 字帳的右方，即貸方

期中評價 採用「市價法」。以股票在期中評價時的市價做為評估標準，如果市價高於投資成本則認列投資收益；反之認列投資損失。

實例 東凱公司於96年6月30日進行評價，該股市價為$40小於購入價$50，期中評價分錄如下：

96/6/30　借：投資損失—股東權益項下　50,000
　　　　　　（5,000股×股票市價$40）－股票購入成本$250,000

　　　　　　貸：備供出售的投資—股票　　50,000

> 投資損失屬於股東權益科目減項，股東權益的金額減少時，需記於 T 字帳的左方，即借方

> 投資屬於資產科目，資產的金額減少時，需記於 T 字帳的右方，即貸方

4. 以備供出售為目的的投資②：以權益法計價的長期股權投資

公司持有被投資公司股票達20%以上，對被投資公司的經營有重大影響力

實例 東凱公司96年1月1日以$5,000,000購買C公司40%股權，則應做的分錄如下：

96/1/1　借：以權益法計價之長期股權投資　5,000,000

　　　　　貸：現金　　　　　　　　　　　　5,000,000

> 投資屬於資產科目，資產的金額增加時，需記於 T 字帳的左方，即借方

> 現金屬於資產科目，資產的金額減少時，需記於 T 字帳的右方，即貸方

期中評價 採用「權益法」。即以投資者持股比例乘以評價時的公司淨利（或淨損），有淨利則認列投資收益；有淨損則認列投資損失。

實例 東凱公司於96年6月30日進行對C公司持股比例的期中評價，當時C公司的盈餘為$200,000，期中評價分錄如下：

96/6/30　借：以權益法計價之長期股權投資　80,000
　　　　　　C公司盈餘$200,000×持股比例40%

　　　　　　貸：投資收益—損益表下　　　80,000

> 投資屬於資產科目，資產的金額增加時，需記於 T 字帳的左方，即借方

> 投資收益屬於收入科目，收入的金額增加時，需記於 T 字帳的右方，即貸方

應收帳款

買家購入較大金額商品時不立即付現金給賣家,而是先賒帳,留待日後再以匯款的方式支付,這筆錢對於賣家而言,就是「應收帳款」。善加運用應收帳款能讓企業的資金週轉更具彈性。

什麼是信用交易折扣

公司在銷售商品給顧客時有兩種收款方法:一是現金交易,即交貨的同時也收到現金;另一種則是交貨後過一段時間才收款,也就是信用交易。發生信用交易時,由於沒有收到現金,因此公司會以「應收帳款」或「應收票據」來入帳。

由於公司在銷售商品或服務時常會給顧客一些折扣,因此,折扣的會計處理與應收帳款的會計處理密不可分。銷貨時折扣通常可分為兩種:數量折扣與銷貨折扣。

◆數量折扣:公司有時為了鼓勵顧客大量購買,因此當客戶購買達一定數量時就會給予折扣。這樣因量制價的折扣是公司運用的一種定價策略,所以在記帳時,數量折扣通常不入帳。例如公司售貨10,000元並給予數量折扣500元,則分錄為:借記應收帳款9,500元,貸記銷貨收入9,500元。

◆銷貨折扣:發生信用交易時,公司需經過一段時間才會收到帳款,但賒款的時間愈長,對公司來說收不到帳款而產生壞帳的風險也就愈高,所以,公司為了鼓勵客戶能儘早付款,通常會給提早付款的客戶一些折扣,即「銷貨折扣」。

● 銷貨折扣的表達方法

買賣契約上如果標示銷貨條件為「3/10, n/30」,則表示客戶如果在10天內付款則可以享受3%的銷貨折扣,如果超過10天付款則沒有這種優惠,並且最晚30天要付款。

銷貨折扣的帳務處理

銷貨折扣的帳務處理方法有以下三種,三者的做法雖有不同,但最後所得到的結果是一致的。

◆總額法:會計入帳時,應收帳款及銷貨收入均按未折扣前的總額入帳,等實際發生折扣時再認列折扣金額。

◆淨額法:應收帳款及銷貨收入均依照折扣後的淨額入帳,若顧客未得到折扣,再將折扣金額以「其他收入」入帳。

◆備抵法:是先預設在應收帳款中,客戶會享有銷貨折扣,所以在銷貨發生時就先預提備抵銷貨折扣。之後,若實際發生銷貨折扣時,就可以事先預提的「備抵銷貨折扣」扣抵認

列；若該客戶之後未享有銷貨折扣，或未享有全部的銷貨折扣時，差額部分再以「銷貨收入—未享折扣」來認列沖銷預提的備抵銷貨折扣。

應收帳款與銷貨折扣的帳務處理

實例 勤業公司96年9月1日賒銷茶葉給客戶：金額為$100,000，銷貨條件為3/10，n/30。則勤業公司入帳的方式有下列三種：

1. 總額法
即應收帳款及銷貨收入都以扣除銷貨折扣前的銷貨總額入帳。實際發生折扣時再認列折扣金額。

96/9/1
借：應收帳款　100,000
　　貸：銷貨收入　　100,000

10天內付款 享3%折扣
96/9/6
借：現金　　　　　97,000
借：銷貨折扣　　　3,000
　　　　　　　應收帳款$100,000×折扣3%
　　貸：應收帳款　　　100,000

10天後付款 未享折扣
96/9/15
借：現金　　　　　100,000
　　貸：應收帳款　　　100,000

2. 淨額法
應收帳款及銷貨收入都以扣除銷貨折扣後的銷貨淨額入帳。若未發生折扣，再以「其他收入」入帳。

96/9/1
借：應收帳款　　97,000
　　貸：銷貨收入　　97,000

10天內付款 享3%折扣
96/9/6
借：現金　　　　　97,000
　　貸：應收帳款　　　97,000

10天後付款 未享折扣
96/9/15
借：現金　　　　　100,000
　　貸：應收帳款　　　97,000
　　貸：其他收入－未享折扣　3,000

3. 備抵法
銷售時應收帳款以銷貨總額入帳，銷貨收入以折扣後淨額入帳，並預提備抵銷貨折扣。若未發生折扣，再以「銷貨折扣—未享折扣」沖銷認列。

96/9/1
借：應收帳款　100,000
　　貸：銷貨收入　　97,000
　　貸：備抵銷貨折扣　3,000

10天內付款 享3%折扣
96/9/6
借：現金　　　　　97,000
借：備抵銷貨折扣　3,000
　　貸：應收帳款　　　100,000

10天後付款 未享折扣
96/9/15
借：現金　　　　　100,000
借：備抵銷貨折扣　3,000
　　貸：應收帳款　　　100,000
　　貸：銷貨收入－未享折扣　3,000

壞帳

公司賒銷商品時，雖然認列收益，即借記應收帳款（資產增加）、貸記銷貨收入（收入增加），但只要應收帳款未兌現，公司同時也承擔了被倒帳的風險。因此應在期末評估應收帳款或賒銷的銷貨收入中可能會產生多少壞帳，先提列壞帳費用。

估算壞帳的基本觀念

由於壞帳費用是評估未來會發生的壞帳，實際上尚未發生，因此在會計作業上，並不直接沖銷應收帳款而使用資產科目中的「備抵壞帳」科目來扣抵應收帳款。簡單地說，公司在期末時會評估未來可能發生的壞帳費用，分錄為：借記壞帳費用，貸記備抵壞帳；當壞帳實際發生時借記備抵壞帳，貸記應收帳款。由於按每一筆應收帳款逐一估計該認列的壞帳費用相當困難，因此在實務上，公司會於期末時按照當期賒銷的總金額或期末帳上的應收帳款餘額，參照過往壞帳產生的比率來估計本期應該認列的壞帳費用。主要的估計方法有下列三種：

賒銷淨額百分比法

如果公司銷貨時均採賒銷，則銷貨收入額就等於賒銷淨額。通常賒銷淨額愈大，壞帳發生的金額也就愈大。賒銷淨額百分比法是先統計本期的賒銷淨額，再以過去年度經驗的壞帳占賒銷金額的百分比來估算本期壞帳金額，所得出的即是本期的壞帳費用，亦符合收入（即賒銷淨額）與費用（即壞帳費用）於同一期間認列的配合原則。例如：大發公司經驗是當每年度賒銷100元時即會產生2元的壞帳，壞帳占賒銷淨額的比率為2%。本期大發公司共賒銷100,000元，應認列壞帳費用2,000元（本期賒銷金額100,000元×歷史壞帳比率2%）。分錄為：借記壞帳費用2,000元，貸記備抵壞帳2,000元。若其後壞帳並未發生，帳上備抵壞帳尚有未實現餘額，此法並不調整備抵壞帳，而是再檢視所採用的百分比是否適切，以最允當的百分比來計算壞帳金額。

應收帳款餘額百分比法

應收帳款餘額是指賒銷淨額在期末尚未收回的部分。此法以應收帳款期末帳上餘額做為估計壞帳的基準。例如：大發公司過去年度應收帳款100元時會產生3元的壞帳，壞帳占期末應收帳款餘額的比率為3%，本期公司期末的應收帳款餘額為100,000元，則估計其中大約會產生壞帳3,000元（本期應收帳款餘額100,000元×前期壞帳比率3%），應認列壞帳費用3,000元，會計分錄：借記壞帳費用3,000元、貸記備抵壞帳3,000元。若此時備抵壞帳尚有未發生的餘額2,000元，此法會調整備抵壞帳餘額與應有備抵壞帳餘額的差額，調整後本期實際提列的壞帳金

額為1000元（本期應提列的備抵壞帳3,000元－帳上備抵壞帳餘額2,000元）。分錄：借記壞帳費用1,000元、貸記備抵壞帳1,000元。

帳齡分析法　　通常賒欠愈久的帳款成為壞帳的機率愈大，此法將每筆帳款按賒欠期間的長短估計壞帳發生比率。公司可依據歷史經驗設定各組賒欠期間發生壞帳的比率，將各組應收帳款餘額乘上各組壞帳比率，即為期末備抵壞帳應有的餘額。同樣地，若帳上備抵壞帳尚有餘額，亦需與應有備抵壞帳餘額的差額做調整分錄。

壞帳的會計處理方法

實例 東凱公司96年12月31日會計調整前，當年度賒銷淨額為$100,000，應收帳款餘額為$150,000、備抵壞帳餘額為$2,000。東凱公司過往壞帳占賒銷金額的比率為3%，而壞帳占期末應收帳款餘額比率為2%。東凱公司該如何提列96年度的壞帳費用？

方法1　賒銷淨額百分比法

計算公式
本期壞帳費用＝
本期賒銷金額×過往壞帳占期末賒銷金額比率

96年需認列的壞帳費用為：
96年度賒銷金額$100,000×過往壞帳占賒銷金額比率3%
＝$3,000

分錄

96年期末
96/12/31
借：壞帳費用　3,000
　　貸：備抵壞帳　　3,000

● 帳上備抵壞帳增為$5,000
　（$2,000＋$3,000）

97年期中
東凱公司於6月25日實際產生壞帳$500。
97/6/25
借：備抵壞帳　500
　　貸：應收帳款　500
● 此時帳上應收帳款餘額為
　$149,500（$150,000－$500）
● 此時帳上備抵壞帳為
　$4,500（$5,000－$500）

方法2　應收帳款餘額百分比法

計算公式
本期壞帳費用＝
本期應收帳款餘額×過往壞帳占期末應收帳款餘額比率

96年需認列的壞帳費用為：
96年度應收帳款餘額$150,000×過往壞帳占應收帳款餘額比率2%
＝$3,000

分錄

由於東凱公司96年度帳上未發生的備抵壞帳餘額尚有$2,000，可延續做為96年需認列的壞帳費用。因此96年度東凱公司需調整96年底應有的備抵壞帳餘額，再提列不足的壞帳費用$1,000（$3,000－$2,000）。
96/12/31
借：壞帳費用　1,000
　　貸：備抵壞帳　　1,000

● 帳上備抵壞帳由原來的$2,000
　增為$3,000（$2,000＋$1,000）

東凱公司於6月25日實際產生壞帳$500。
97/6/25
借：備抵壞帳　　500
　　貸：應收帳款　500
● 此時帳上應收帳款餘額為
　$149,500（$150,000－$500）
● 此時帳上備抵壞帳為
　$2,500（$3,000－$500）

方法3　帳齡分析法

計算公式
本期壞帳費用＝
Σ（某賒欠期間應收帳款餘額×該期間壞帳比率）
● Σ是總合，即各組數字的加總

96年需認列的壞帳費用為：
$100,000×1%（0~90天壞帳比率）
＋$40,000×3%（90~180天壞帳比率）
＋$10,000×8%（>180天壞帳比率）
＝$3,000

管理存貨

存貨指的是公司向外購入準備加工後出售，或直接出售的商品或原料。企業一般可分為買賣業、製造業及服務業，只銷售服務、不賣商品的服務業不會有存貨的問題，而對買賣業及製造業而言，公司的存貨占其流動資產的比例通常不低，因此，做好存貨的管理，就顯得十分重要了。

存貨的種類有哪些

不同行業裡，存貨的種類大不相同。買賣業，例如貿易公司的存貨在買進後，不需加工即可賣出賺取價差，因此存貨的種類較為單純。製造業如電子公司就不同了，其存貨可分為原料、在製品及製成品。製造業在買入原料後，需對原料進行加工，才能使該原料轉變成商品可供出售的狀態。當存貨成為可出售的商品狀態時，該存貨便稱為「製成品」；正在加工過程、但尚未達到可供出售狀態的存貨就稱為「在製品」。

存貨的所有權

企業間進行買賣交易時，貨物經常需要運輸，而在運輸過程中的存貨稱為「在途存貨」，存貨在運輸的過程中難免會造成毀損而產生價值的損失，因此在途存貨的所有權是屬於買方還是賣方，就必須劃分清楚。在途存貨所有權屬於哪一方，取決於買賣雙方所約定的進貨條件。一般而言，進貨的條件分為兩種，一種為「目的地交貨」，另一種為「起運點交貨」。顧名思義，當進貨條件為目的地交貨時，代表存貨在目的地才交給買方，所以，在途存貨的所有權屬於賣方，一旦運送過程發生損失，必須由賣方承擔；反之，當進貨條件為起運點交貨時，代表存貨在開始運送的地點就交給買方，在途存貨的所有權屬於買方，若運送過程有毀損，損失也由買方承擔。

除了在途存貨外，還有一種存貨的所有權也需要釐清。有些公司會與代銷商約定，將商品寄放在代銷商處，由其代為銷售，然後再定期結算銷售的總額，如果商品銷售出去，則代銷商可以抽取佣金。在這種狀況下，雖然商品存放在代銷商處，但商品的所有權仍屬於寄銷的公司，而不屬於代銷的公司。

如何記錄存貨

公司存貨數量記錄的方法可分為兩種：永續盤存制及定期盤存制。永續盤存制是指公司在帳上隨時保持與實際存貨一樣的數字。在這種制度下，無論存貨的購入或售出，每筆交易都要即時入帳。當購入存貨時，立即借記存貨，貸記應付帳款；出售存貨時，則借記銷貨成本，貸記存貨。採用這種方法的優

存貨的種類

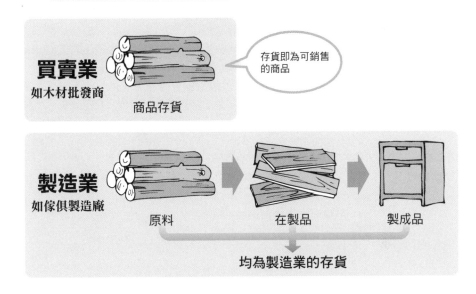

買賣業
如木材批發商

商品存貨

存貨即為可銷售的商品

製造業
如傢俱製造廠

原料　　　　　在製品　　　　　製成品

均為製造業的存貨

存貨的所有權屬於買方或賣方

運送過程中，在途存貨所有權歸賣方所有，若出現毀損必須由賣方承擔。

賣方

X公司

買方

Y公司

目的地交貨
（FOB destination）

起運點交貨
（FOB shipping point）

運送過程中，在途存貨所有權歸買方所有，若出現毀損必須由買方承擔。

點是公司隨時可以由存貨的帳上記錄掌握存貨的狀況，但由於存貨的購入與出售往往非常頻繁，如果每筆都要即時記錄，可能既費時又費力、不符合經濟效益，因此企業通常只對商品價值較高的存貨例如汽車，才採用永續盤存制；如果商品的價值較低，例如超級市場的衛生紙，通常則會採用定期盤存制，也就是平時並不隨著每筆交易記錄存貨餘額，而是在購入存貨時，借記進貨，貸記應付帳款；銷貨時借記現金，貸記銷貨。等到定期（例如期中、期末）做實地盤點時才核對帳上與實際存貨數量並調整兩者的差異。

銷貨成本的計算方法

存貨通常數量龐大、購入及售出次數頻繁，而且每次的購入成本、製造加工成本……很可能都不相同，因此在商品出售時，銷貨成本的認定並不是一件容易的事，大致來說，成本認定的方法共分四種，企業可考量何種計算方式對公司較有利或選用該行業通行的方法。

◆個別認定法：也就是在出售每個商品時，都個別找出該商品的成本做為銷貨成本。這個方法在實務上較困難、且不夠有效率，通常用於金飾、汽車等外觀易於辨認且價格昂貴的商品。

◆先進先出法：是假設先購入的存貨會先被出售，所以，以先購入的存貨成本做為銷貨成本入帳。以此法計算時，若先進的進貨價格低於後進的進貨價格時，銷貨成本就會出現被低估的情形，而使得銷貨收入被高估，需繳交較多稅捐；反之，若先進的進貨價格高於後進的進貨價格時，銷貨成本則會被高估，使得收入相對較少。

◆後進先出法：是假設後來才購入的存貨會先被出售，故以後來購入存貨的成本做為銷貨成本入帳。以此法計算的銷貨成本與先進出法的效果相反，若後進的進貨價格高於先進的價格，會使銷貨成本較高，公司收入較低，稅捐也相形減少。同樣地，若後進的進貨價格低於先進的價格，那麼銷貨成本也會較低，而使銷貨收入較高，稅捐也較高。

◆平均法：平均法則是以所有存貨的平均成本當做銷貨成本入帳。以此法計算的銷貨成本介於先進出法與後進先出法之間。

計算存貨成本的方法

實例 宏祥公司於同年1月的進貨及售貨明細如下：

		數量	單價
1月1日	期初存貨	500	5
1月3日	進貨	50	7
1月7日	出售	70	10

認列銷貨成本

1. 個別認定法

分別按照出售商品的成本認列。

做法 分別找出1月7日出售時70個單位中有20個單位屬於期初存貨、50個單位屬於1月3日的進貨，依不同單價計算後加總即為銷貨成本。

實例 銷貨成本為(20個×$5)＋(50個×$7)＝$450

2. 先進先出法

假設先購入的存貨先出售，以先購入的進貨單價計算。

做法 假設出售的70個單位都是先購入的存貨，也就是由期初存貨開始出售。

實例 銷貨成本為70個×$5＝$350

3. 後進先出法

假設後購入的存貨先出售，以後購入的進貨單價計算。

做法 假設出售的70個單位是以後來購入的存貨開始出售的。

實例 銷貨成本為(50個×$7)＋(20個×$5)＝$450

4. 平均法

以所有存貨的平均單價計算。

做法 以存貨的平均單價計算銷貨成本。

實例 存貨平均單價為〔(500個×$5)＋(50個×$7)〕÷(500個＋50個)＝$5.18
銷貨成本為70個×$5.18＝$363

分錄

若宏祥公司採定期盤存制，則會計分錄如下：

1月3日進貨時 借：進貨
　　　　　　　貸：應付帳款

1月7日銷貨時 借：現金
　　　　　　　貸：銷貨

固定資產

幾乎所有企業從事經濟活動時，都需要相關設備的配合，例如：製造業在製造商品的過程中需要廠房、土地、機器設備等；買賣業需要運輸用的車輛及放置貨品的倉庫；即使是服務業，也需要辦公用的桌椅及電腦設備。上述的種種資產，都可稱為固定資產。

固定資產的性質　　一般而言，會計上所稱的固定資產具有以下性質：

◆可供企業長期使用：企業有許多正在使用的資產，有些是短期內使用如清潔工具，有些是長時間使用如電腦設備，而固定資產指的是長期使用、時間達一年以上的資產。

◆為營業活動所使用：公司購入設備如果是為了增加作業效率，就可以稱為固定資產；但如果並不做為營業活動使用，其目的只是為了轉手賣出以賺取價差，則該設備就不是固定資產，而應該視為存貨。

◆未來產生的經濟效益可合理估計：所有列入「資產」項目的事物，都應能為公司賺取利潤，若不能為公司帶來經濟效益，就不應稱為公司資產，固定資產也不例外，例如因老舊而未再使用的電腦設備就不應再列入固定資產。

成本的認定　　企業購買固定資產的主要目的，就是希望能使用它來為公司賺錢，而購入的固定資產在使用前已產生的所有必要支出，例如：運費，安裝費等等，都應計入該固定資產的成本。須注意的是，該支出的目的必須是為了使該固定資產達到可使用狀態而發生的必要支出，如果是不符此項目的非必要支出都不能計入成本。例如：某設備在運送過程中，因為送貨員的粗心而使該設備產生損毀，則修理費應計入費用而不能計入資產的成本，因為這不是必要的支出。

另外，在固定資產的長期使用過程中，公司有時會對該資產做改良或維修，改良或維修的支出應視為成本或費用，主要是看該支出能不能在當期及往後幾期都為公司帶來利益，如果可以，則該支出可以當做資產的成本；如果不行，該支出就應該認列為當期費用。例如：小明的早餐車公司為機器設備加裝一個零件，支付現金5,000元。該零件的安裝可以使機器的使用效率加倍，為公司帶來利益，因此，購入的零件可以視為該機器設備的成本，分錄為：借記機器設備5,000元，貸記現金5,000

元。又例如：小明的早餐車汽車玻璃毀壞，支付5,000元維修，由於玻璃的維修並沒有提升早餐車的效率，因此該支出不能認列為成本，而應以當期費用認列，分錄為：借記維修費用 5,000元，貸記現金5,000元。

● 認列為成本或費用的差異

若改良或維修的支出被視為成本，則該支出金額可以分數期攤提，對公司當期的損益數字影響較小；但該支出如果直接被列為費用，就必須在發生時全額認列，則該支出會對公司當期淨利有較大的影響。

如何認定固定資產的成本

情境① 購入固定資產時

在購入固定資產時，應將所有讓該項資產能夠使用的支出都列入成本。

公式 **固定資產成本＝該項固定資產支出＋所有必要支出**

例如 美美廣告設計公司購入設計所需的電腦，購買電腦的費用$30,000、運費$400、網路安裝費$2,000。

固定資產成本＝$30,000＋$400＋$2,000＝$32,400

情境② 固定資產在使用的過程中需要改良或維修時

什麼是折舊

固定資產中除了土地外都有一定的使用年限，在使用的過程中都會有效益遞減的情形，基於相關事項的收益和成本應於同一期間認列的「配合原則」，固定資產成本的提列方式也必須依固定資產能產生經濟利益的期間，以「折舊」科目分期攤銷，而非於購入時一次就將所有成本全數認列。如果固定資產在預估使用年限到期、以至於最終需停止使用之時，仍殘餘一筆可出售而得的價錢，即稱為「殘值」。每期應提列的折舊成本就是固定資產的成本減去資產的殘值，再除以可使用的年限來分攤提列。

折舊成本的計算方法

折舊的分攤提列比例最好能夠配合該資產產生的利益比例，然而，資產每期間產生利益的比例並不容易估計，一般來說，攤提折舊成本較常見的有以下幾種方法：

◆直線法：就是將資產依其使用年限而分攤提列的折舊成本，平均分配於其使用年限的總年數。例如，某機器設備成本6,000元，預計使用年限五年，屆時仍有殘值1,000元，則每年應提列的折舊費用為1,000元〔（6,000元－1,000元）÷5年〕。

◆倍數餘額遞減法：某些資產在使用年限的前期經濟效益較高，後期效益遞減，則適用倍數餘額遞減法。也就是在前期提列較多折舊成本、後期提列較少。計算方式是將固定資產每期期初帳面成本的兩倍除以使用年限，以此法計算折舊時不考慮殘值，而是將殘值視為提列期間最後一年的帳面成本。若計算折舊後期末資產的帳面成本小於殘值時，折舊費用應調整為將該期期初帳面成本減去殘值，才能使最後一年的資產帳面成本等於殘值。

◆年數合計法：此法亦適用於使用年限前期經濟效益較高的資產，此法的折舊率分母為資產使用年數的總和，分子為剩餘的使用年數。

●折舊費用對每年損益的影響

無論採用何種方法計算折舊費用，折舊總額皆相同。但相較於每年折舊費用相等的直線法，倍數餘額遞減法與年數合計法皆在前期提列較多折舊費用、後期提列較少。採此二法會使公司在購買固定資產初期的帳面折舊費用較高，導致該期淨利降低、稅捐也隨之降低。

折舊費用的計算

實例 大東公司於97年1月1日購入一套價值$6,000的辦公家具，預估使用年限五年，殘值$1,000，那麼，折舊費用該如何計算？

固定資產成本	使用年限5年 價值減損	資產的殘值
購入該資產之歷史成本 		經過使用年限後該資產剩餘價值

定期提列折舊費用

方法 1 直線法

將該提列之折舊成本按使用年限平均分攤。

公式

$$每期折舊額 = \frac{(成本-殘值)}{使用年限}$$

例如

第一年折舊費用$1,000
$$\frac{(成本\$6,000-殘值\$1,000)}{5年} = \$1,000$$

第二年折舊費用$1,000
$$\frac{(成本\$6,000-殘值\$1,000)}{5年} = \$1,000$$

第三年折舊費用$1,000
$$\frac{(成本\$6,000-殘值\$1,000)}{5年} = \$1,000$$

第四年折舊費用$1,000
$$\frac{(成本\$6,000-殘值\$1,000)}{5年} = \$1,000$$

第五年折舊費用$1,000
$$\frac{(成本\$6,000-殘值\$1,000)}{5年} = \$1,000$$

在使用年限內每期折舊金額均相等

方法 2 倍數餘額遞減法

在使用年限前期提列較多折舊成本。

公式

$$每期折舊額 = \frac{(期初帳面成本\times2)}{使用年限}$$

例如

第一年折舊費用$2,400
$$\frac{期初帳面成本(\$6,000)\times2}{5年} = \$2,400$$

第二年折舊費用$1,440
$$\frac{期初帳面成本(\$6,000-\$2,400)\times2}{5年} = \$1,440$$

第三年折舊費用$864
$$\frac{期初帳面成本(\$6,000-\$2,400-\$1,440)\times2}{5年} = \$864$$

第四年折舊費用$296
期初帳面成本$1,296($6,000-$2,400-$1,440-$864)，若依公式計算本期折舊費用應為$518.4$\left(\frac{\$1,296\times2}{5年}\right)$，但期初帳面成本$1,296-殘值$1,000=期末帳面成本$777.6，小於殘值$1,000，故本期的折舊費用調整為$1,296-殘值$1,000=$296

第五年折舊費用$0
期初帳面成本等於殘值，不提列折舊

使用年限初期的折舊費用金額較高，逐年遞減

方法 3 年數合計法

在使用年限前期提列較多折舊成本。

公式

$$每期折舊額 = (成本-殘值)\times\frac{當期剩餘使用年數}{使用年數總和}$$

例如

● 年數總和為15（1+2+3+4+5）

第一年折舊費用$1,667
$$(成本\$6,000-殘值\$1,000)\times\frac{5}{15} = \$1,667$$

第二年折舊費用$1,333
$$(成本\$6,000-殘值\$1,000)\times\frac{4}{15} = \$1,333$$

第三年折舊費用$1,000
$$(成本\$6,000-殘值\$1,000)\times\frac{3}{15} = \$1,000$$

第四年折舊費用$667
$$(成本\$6,000-殘值\$1,000)\times\frac{2}{15} = \$667$$

第五年折舊費用$333
$$(成本\$6,000-殘值\$1,000)\times\frac{1}{15} = \$333$$

無形資產

企業都擁有固定資產，也就是可長期供企業營業使用、為企業帶來經濟效益、且具有實體的資產。另外還有一種類型的資產，它的性質與固定資產相似但卻不具實體，稱做無形資產，例如為人熟知的「可口可樂」的專利權。無形資產雖然沒有實體，卻價值不斐。

無形資產的種類

　　一般而言，無形資產可以分為兩大類，一類為可以較明確地辨識出其存在的資產，通常是公司所擁有的權利，例如鼓勵發明或創作給予所有人專用的專利權、國家對於文學、藝術或其他學術範圍給予所有人專用的著作權等等。要擁有無形資產可以向該權利的所有人購買或自行研發，此類無形資產通常具有一定的因法律保護而產生的效用期間。另一類的無形資產較不容易辨識其存在，也不易判斷其效用期間，例如：商譽。商譽是指企業所建立的信譽，一般公司即使自認為發展出商譽，也不能在會計帳中認列商譽價值。通常只有在企業間出現併購時，為了計算被併購企業的價值，才會對被收購方的商譽予以評估計價，記入買方（併購方）企業的會計帳中。

　　無形資產的性質就像固定資產，有一定的效期，基於「配合原則」，無形資產的成本也應該在其效用期間內分攤提列。因此對於容易判定效用期間的無形資產，其成本採直線法，也就是在其效用期間內平均攤提，例如：某專利權成本為100,000,000元，效用期間為10年，則每年應攤提費用為10,000,000元（成本100,000,000元÷10年）。

　　另一種如商譽、有效期間較不易判定的無形資產，其價值也終有消失的一天。因此也應該按合理且有系統的方法攤銷其成本，一般亦採用直線法攤提。

● 無形資產的攤銷期間有多長？

目前美國會計原則委員會規定無形資產最長的攤銷期間為40年；我國一般公認會計原則規定最長的攤銷期間是20年。

無形資產成本的認定

　　公司向外購入無形資產的成本認定與其他資產的認定方式一樣，皆是以取得該資產而花費的所有支出為成本。至於自行研發的無形資產，在成本認定上就與其他資產不同了。在自行

研發屬於自己公司的專利權過程中，公司會支出龐大的研究費用；然而，研究費用通常在會計上並不能計入專利權的成本，而是認列為當期費用。原因是該項專利究竟能產生多少利益很難判定，除此之外，公司可能同時發展多種專利權，所以很難分辨研究費用確實是歸屬於哪一個項目。因此，因自行研發無形資產而產生的研究費用並不列入成本。通常公司僅將專利權的註冊費、規費等費用認列為成本。

無形資產分類以及攤提方式

無形資產
沒有實體的資產

可明確辨識資產的存在

特徵
- 由國家所賦予，受法律保護
- 具一定之法定年限或經濟年限
- 可與企業個體分離，出售轉讓

舉例
專利權、版權、經銷權、商標

成本攤提方式
- 直線法
例如：小明申請並取得了製作特殊口味的早餐專利權，花費$200,000，效用期間為20年，則每年攤銷金額$10,000（成本$200,000÷20年）。

不可明確辨識資產的存在

特徵
- 不易判斷是否存在
- 經濟年限不易分辨
- 不可與企業個體分離，必須連同企業一併出售

舉例
商譽

成本攤提方式
- 直線法
例如：甲公司因併購乙公司認列商譽價值$1,000,000，分20年攤銷，則每年攤銷$50,000（成本$1,000,000÷20年）。

遞耗資產

近年來全球石油因長久的探勘而日漸減少,因此石油藏量備受重視,尤其美國每桶原油價更曾經突破美金70元的歷史高價,像石油這樣有可能消耗殆盡的自然資源,在會計上稱為遞耗資產。

探勘成本的認定

會因開採而折耗的遞耗資產除了石油外,還包括各類礦產、瓦斯、森林等等,而遞耗資產認定成本的方式是將資源在達到可以開採狀況前的一切合理且必要的支出,均認定為成本。例如,森林的成本包括:土地的購買、樹苗、灌溉、肥料、防治病蟲害成本等費用。礦產成本則包括:購買礦區的成本、探勘成本、開發成本及採礦權成本。礦產由於探勘成功的機會不定,且每次的探勘成本都十分龐大,因此認定較有爭議。目前可以採用的探勘成本認定方法有兩種:

◆全部成本法:此法是指所有探勘的成本都可以認列為成本,例如:石油公司為了尋找石油,在六處同時探勘,每處的探勘成本高達10,000,000元,結果只有一處探勘成功,其餘皆失敗。在全部成本法中,雖然只有一處成功,但還是認列全部六處所有的探勘費用60,000,000元(每處成本10,000,000元×6處)為成本。支持此法的人認為,探勘行動是公司整體決定的行為,因此,所有的費用都應認列為探勘成本,不應個別認定。

◆探勘成功法:是指只有探勘成功的相關支出可以認列為探勘成本,其餘皆當做當期費用。在上例中,六處探勘只有一處成功,因此只有10,000,000元能認列為成本,其餘的支出50,000,000元皆認列為當期費用。支持此法的人認為,探勘失敗的礦坑並不能產生經濟利益,因此應在當期認列為費用。

折耗成本的計算方法

與固定資產及無形資產一樣,基於「配合原則」,遞耗資產的成本也應該在其產生經濟利益的期間分攤提列。一般而言,資源會因為開採時間愈來愈久而產生折損與消耗,導致每期攤提的金額不同,會計上一般採用「成本折耗法」來計算遞耗資產的損耗。此法是估計出每開採出一單位的資源會產生的成本有多少,再將當期所採出的總量乘上每單位的成本,就得出當期所應認列的折耗成本。例如:A公司的遞耗資產鐵礦脈的總成本為50,000,000元,估計開採完畢後剩餘的殘值為800,000元,估計可以產出鐵礦1,000噸,當期產出量為200噸,則折耗單位成本為49,200元〔(成本50,000,000元-殘值800,000元)÷1,000噸〕;當期折耗費用為9,840,000元(200噸×49,200元)。

探勘成本的認定

實例 德比礦產公司於南非的四處礦坑探勘鑽石，每處探勘成本為$15,000,000，只有一處成功開採出鑽石，其餘三處失敗。其成本的認定方法有兩種：

方法1 探勘成本法

探勘成功的支出才認列為成本；其餘失敗的探勘認列為當期費用。

探勘成功所支出的$15,000,000認列為成本，其餘的支出$45,000,000不能產生經濟效益，只能認列為當期費用。

方法2 全部成本法

所有探勘的支出都認列為成本。

無論探勘是否成功，所有的支出都應認列為成本，因此探勘成本共計$60,000,000。

探勘支出① $15,000,000	探勘支出② $15,000,000	探勘支出③ $15,000,000	探勘支出④ $15,000,000
鑽石礦脈	獸骨	石頭	木炭
成功	失敗	失敗	失敗

折耗費用的計算方法：成本折耗法

每單位的折耗成本＝（遞耗資產總值－殘值）÷產出總量
當期所應認列的折耗成本＝當期的採出量×每單位的折耗成本

實例 世界林業公司購買一座價值$10,20,000的森林，殘值$20,000，估計可以產出木材100噸，每年開採出10噸的木材，每噸的成本$10,000。

整座森林的成本 $1,020,000

- 估計可以產出木材100噸
- 當期產出量為10噸

折耗

折耗計算

10年後森林的殘值 $20,000

折耗單位成本 （總值$1,020,000－殘值$20,000）÷產出100噸＝$10,000
當期折耗成本 當期採出量10噸×每單位的折耗成本$10,000＝$100,000

Chapter 4 負債及股東權益相關科目

公司在交易的過程中，難免會積欠部分費用，例如向供應商賒購貨品或向銀行舉債等因而形成負債；股東投入供公司運用的資金則是股東權益。列於會計方程式右方的「負債」及「股東權益」是公司營運資金的來源，兩者相加後必然等於方程式左方的「資產」總額。公司若能善加運用「負債」及「股東權益」，可使資金的調度、週轉更具彈性，也能增加公司的營運效益。

● 什麼是負債？負債的種類有哪些？

● 什麼是「或有負債」？

● 公司債的三種發行價格以及會計處理方式

● 產品應在交貨時或交貨前後認列收益？

● 公司的資本結構有哪些組成元素呢？

● 保留盈餘的意義和計算方法

● 如何計算資產價值變動？

● 稅法與會計原則有哪些差異？

負債

人們在日常生活中會有借錢、賒帳或是抵押借款等負債的情況,公司也一樣。
不過在會計上,負債不見得都是不好的;相反地負債也有其正面的效益。接下
來就來了解負債的意義與分類。

什麼是負債

　　負債是指企業在已發生的交易中產生的債務,必須在將來
用金錢、商品或提供服務來償還。企業在經營的過程中,常因
為資金需求或一般營業活動的需要而產生負債,有些人可能會
認為負債愈少的公司愈好,事實上並不全然如此,例如公司可
利用舉債而得的資金來創造更大的經濟效益,同時負債的利息
支出也可以使公司的應稅所得減少,所得稅因而降低。所以適
當的負債對公司獲利能力而言,有時也是有幫助的。

流動負債和長期負債

　　會計上通常將負債分為流動負債和長期負債兩類。流動負
債指的是需要在一年或一個營業週期內償清的負債,需用可在
一年內變現的流動資產如現金、應收帳款來清償,或再創造另
一個流動負債來償還;而不屬於流動負債的就是長期負債。一
般來說,營業活動所產生的負債例如應付薪資、應付帳款等,
都屬於流動負債。而因為公司舉債而產生的負債,例如公司為
了籌資而向投資人發行的公司債,即屬於長期負債。

　　分類負債時需注意的是,長期負債在即將到期的一年左
右,有可能必須轉為流動負債。例如公司發行的公司債,除非
該公司債原本即設有償還該筆公司債的專款償債基金,以該專
款基金償還該項公司債的所有債務,不然在公司債到期前一年
左右,就應該將公司債轉為流動負債,以一年內可變現的流動
資產來償還。

流動負債的分類

　　此外,流動負債一般而言還可以分為兩類,一類為金額與
到期日確定的負債,稱為「確定負債」,例如向供應商進貨的貨
款(會計科目列做「應付帳款」)、尚未給付的員工薪資(列做
「應付薪資」)、尚未給付的水電費(列做「應付費用」)等等;
另一類為尚未確定是否已發生而必須支付的負債,稱為「或有
負債」,例如為其他公司背書保證可能產生的負債,但由於是否
產生、金額多少尚未確定,所以屬於或有負債。

負債的分類

流動負債

公司在一年或一個營業週期內需償還的負債。

確定負債

- 應付帳款 — 因交易而產生但仍未繳付的金額。
- 應付薪資 — 尚未支付的員工薪資。
- 應付營業稅 — 繳納金額已確定的營業稅。

或有負債

- 產品服務 — 公司提供商品維修、更換零件等售後服務。
- 產品保固 — 公司保證在保固期限內免費換裝瑕疵品。
- 背書保證 — 為他家需融資公司做背書保證，若該公司無法支付利息跟本金時，必須代為償還。

負債

長期負債

因營運需要向銀行借款或投資人籌資，清償期限超過一年的負債。

- 應付公司債 — 企業利用債券的發行，向投資大眾募集資金，需按期支付利息，到期償還本金。
- 長期應付票據 — 公司以開立長於一年的長期票據方式向特定對象（如銀行）借款。
- 長期借款 — 計畫還款期超過一年的借款。

流動負債❶：確定負債

在公司實際營運中，流動負債還可以分為兩類：一是確定會發生的負債，稱為「確定負債」，例如進貨貨款、員工薪資等；另一類為尚未確定是否會發生的負債，稱為「或有負債」，例如銷售時承諾的售後服務。

確定負債的分類

公司已確定未來需要償還的負債即為確定負債，縱然已確定負債必然會發生，但負債金額、償還日卻可能因為營業結果的不同而變動，因此確定負債又可分為「金額確定」以及「金額決定於營業結果」兩種情形。

「金額確定」的確定負債

金額確定的確定負債通常是因為企業與外界簽訂買賣契約，或法律規定所產生。這種負債除了金額確定外，償還負債的日期也能確定。舉例而言，公司的應付薪資、賒購商品所產生的應付帳款、租用廠房所產生的應付租金費用等負債的給付金額與給付日期都有明確約定，故屬於金額確定的確定負債。

金額確定的確定負債其會計處理如下：以應付帳款為例，比方說小明的早餐車公司向東凱公司賒購價值30元的早餐材料100份，產生了應付帳款3,000元（100份×10元）。小明應於進貨日借記進貨3,000元、貸記應付帳款3,000元；再於清償日借記應付帳款3,000元、貸記現金3,000元。再以應付薪資為例，大東公司已確定下個月須支付員工薪資180,000元，在扣除法令規定公司應代政府扣繳的所得稅56,000元、保險費12,000元後，總計應付薪資112,000元，則應借記薪資費用180,000元、貸記代扣所得稅56,000元、代扣保險費12,000元與應付薪資112,000元。於發薪日再借記應付薪資112,000元、貸記現金112,000元。

「金額決定於營業結果」的確定負債

另外，有些負債確定會發生，但金額多寡卻是依據公司未來的營業結果而定，例如營業所得稅、營業稅、員工的紅利等等，必須截至營運總結算才能確定實際產生的金額。以營業稅為例，我國稅法規定目前一般企業適用的營業稅是5%，即當公司銷貨時必須繳交給政府占5%銷貨收入的營業稅，這筆營業稅又稱為「銷項稅額」；進貨時也需繳交占5%進貨成本的營業稅，即「進項稅額」。公司實際支出的營業稅為銷項稅額減去進項稅額的差異額，即〔（銷貨收入×營業稅5%）－（進貨成本×營業稅5%）〕。營業稅的多寡則必須視公司實際營運結果而定，當公司的銷貨收入愈高或進貨成本愈低時，所需支付的營業稅就愈多，因此應付營業稅就是屬於金額決定於營業結果的確定負債。

確定負債的兩種類型

「金額確定」的確定負債

為金額、償還日期均已確定的負債。例如應付薪資、應付帳款、應付租金費用。

實例 大東公司於96年10月15日應支付辦公室租金費用$100,000。大東公司以賒款方式入帳，並於10月31日支付，則會計分錄如下：

賒款時

96/10/15　借：租金費用　　　100,000
　　　　　　貸：應付租金費用　　　100,000

> 租金費用屬於費用科目，費用的金額增加時，需計於T字帳的左方，即借方

> 應付租金費用屬於負債科目，負債的金額增加時，需記於T字帳的右方，即貸方

支付時

96/10/31　借：應付租金費用　100,000
　　　　　　貸：現金　　　　　　　100,000

> 應付租金費用屬於負債科目，負債的金額減少時，需記於T字帳的左方，即借方

> 現金屬於資產科目，資產的金額減少時，需記於T字帳的右方，即貸方

「金額決定於營業結果」的確定負債

確定會發生，但金額多寡需視營業結果而定的負債。例如營業稅。

實例 大東公司於96年11月1日進貨$500,000，銷貨收入$650,000，營業稅率5%，應付營業稅額於96年11月30日結帳，則會計分錄如下：

- 銷項稅額＝銷貨收入$650,000×營業稅率5%＝$32,500
- 進項稅額＝進貨成本$500,000×營業稅率5%＝$25,000
- 應付營業稅＝銷項稅額$32,500－進項稅額$25,000＝$7,500

進貨時

96/11/1　借：進貨　　　　500,000 (a)
　　　　　借：進項稅額　　 25,000 (a)
　　　　　　貸：應付帳款　　　525,000 (b)

> (a) 進貨、應收帳款、進項稅額屬於資產科目，資產的金額增加時，需記於T字帳的左方，即借方；資產的金額減少時，需記於T字帳的右方，即貸方

銷貨時

96/11/1　借：應收帳款　682,500 (a)
　　　　　　貸：銷貨收入　　　650,000 (c)
　　　　　　貸：銷項稅額　　　 32,500 (b)

> (b) 應付帳款、銷項稅額、應付營業稅屬於負債科目，負債的金額增加時，需記於T字帳的右方，即貸方；負債的金額減少時，需記於T字帳的左方，即借方

結帳時

96/11/30　借：銷項稅額　 32,500 (b)
　　　　　　貸：進項稅額　　　 25,000 (a)
　　　　　　貸：應付營業稅　　　 7,500 (b)

> (c) 銷貨收入屬於收入科目，收入的金額增加時，需記於T字帳的右方，即貸方

流動負債❷：或有負債

有時候，縱然企業不確定某項負債是否會發生，但在會計上仍須將這項負債表示出來，才算善盡了將財務狀況完全告知的義務。這類不確定的負債就是「或有負債」。

什麼是「或有負債」　　或有負債是「或有事項」發生時才會產生的潛在負債。根據美國財務會計準則委員會第五號公報規定，「或有事項」是指不能確定是否會發生，但一旦發生則會帶給公司獲利或損失。例如公司因訴訟而產生損害賠償，或產品售後服務等，都是可能使公司增加成本的事項，然而這些項目都是必須等到會計週期結束時才能夠確認有無「或有事項」，進而確定「或有負債」的發生。

依發生機率判斷會計做法　　雖然所有「或有負債」的未來結果都不確定，但其不確定的程度卻有高低之別。會計上按其發生率的大小可以分為：很有可能發生、有可能發生及極少可能發生。顧名思義，很有可能發生就是指未來該事項發生的機率極大；極少可能發生即是指未來該事項發生的機率相當小；而有可能發生則是指發生的機率介於兩者之間。

　　針對或有負債發生機率大小的不同，一般公認會計原則對其有不同的處理方法，介紹如下：

◆很有可能發生的或有負債應預計入帳：針對「很有可能」發生的或有負債、且金額可以確定或合理估計者，應預計入帳。

◆發生機率中等的或有負債不必預計入帳、但須附註揭露：對於「很有可能」發生、但金額不能確定或合理估計的或有負債，或「有可能」發生的或有負債，不必預計入帳但須於財務報表等會計資訊上加記附註以告知使用者。

◆發生機率極小的或有負債不必預計入帳、也不必附註揭露：對於「極少可能」發生的或有負債不必預計入帳、也不必在會計資訊另外加上附註揭露。

產品的售後服務應預計入帳　　比方說，許多公司為了增進產品的競爭力會做售後服務的保證，由於公司銷貨的數量極大，未來或多或少都會發生產品保證費用，且公司可以利用過去的歷史資料合理地估計其金額多寡，因此產品保證費用符合「很有可能」發生、且金額可以確定或合理估計的兩個條件，所以應預計入帳。

或有負債的會計處理方式

或有負債

或有負債是不確定是否會發生的負債，是否要揭露於財報上，則須依其發生的可能性及金額確定性來判斷。

判斷

金額確定性 \ 可能性	很可能發生	有可能發生	極少可能發生
金額可合理估計	✓入帳	✗入帳 ✓揭露	✗入帳 ✗揭露
金額無法合理估計	✗入帳 ✓揭露	✗入帳 ✓揭露	✗入帳 ✗揭露

產品售後服務

許多公司因產品品質難免有瑕疵，故在銷售時以書面保證維修、更換零件等服務。

產品瑕疵很可能發生
＋
維修費用可合理估計

符合

或有負債

實例 對產品做品質保證的大東公司95年銷售了10,000件產品，依據以往經驗發生故障的機率約3%，且平均每件維修費用$200。
公司估計產品保證費用＝銷售10,000件×故障比率3%×平均每件維修費$200
　　　　　　　　　　＝$60,000

銷售時
95/12/31　借：產品保證費用　　60,000
　　　　　　　貸：估計保證負債　　　　60,000

> 產品保證屬於費用科目，費用的金額增加時，應記於T字帳的左方，即借方

> 估計保證負債屬於負債科目，負債的金額增加時，應記於T字帳的右方，即貸方

96年期末總計有200件商品送修，實際發生的修理成本為$40,000（200件×平均每件維修費$200），應調整分錄為估計保證負債的減少。

期末總結算時
96/12/31　借：估計保證負債　　40,000
　　　　　　　貸：現金　　　　　　　40,000

> 估計保證負債屬於負債科目，負債的金額減少時，應記於T字帳的左方，即借方

> 現金屬於資產科目，資產的金額減少時，應記於T字帳的右方，即貸方

長期負債

公司的經營都需要龐大的資本支出，例如增建廠房、添購設備等支出，因而帶來極大的資金需求壓力。為了能因應龐大的資金需求，公司通常需要向外舉債。

什麼是長期負債？

長期負債是指公司因長期營運資金的需求而向銀行借款或向投資人舉借、且預計在未來一年內不會償清的債務，包括應付公司債、長期應付票據及長期借款等。一般而言，公司較常見的長期負債是公司為籌資而向社會大眾發行一年期以上、每年固定配息的公司債。

公司債的三種發行價格

公司發行公司債的價格通常有三種狀況：平價發行、折價發行、溢價發行。平價發行是指公司債發行價格與公司債面額相同，例如公司債的面額是100元，公司發行的金額也是100元，即是平價發行。當公司債發行價格比公司債面額低，例如公司債的面額是100元，發行金額卻是98元時，屬於折價發行。溢價發行則是指公司債發行價格比公司債面額高，例如公司債的面額是100元，發行金額卻是103元。

為何發行的價格會與公司債面額不同呢？就像一般買賣商品評估價格一樣，賣家（公司債發行公司）與買家（投資人）會依據市場行情來決定售價與買價；公司債發行公司評估風險制訂公司債的「票面利率」，而投資人則會評估發行公司的債務條件來設定合理的利息，稱為「市場利率」。當投資人覺得公司債每年發放的利息合理、「市場利率」與「票面利率」相當時，就會願意以發行價格購買，此時公司債的發行價格等於公司債面額，即為「平價發行」；當投資人認為「票面利率」低於「市場利率」時，只願意用低於面額的價格購買，以彌補利息的不足，此時公司債的發行價格低於公司債面額，亦即「折價發行」；當投資人認為「票面利率」高於「市場利率」，願意以比面額高的價格買進，此時公司債的發行價格就會高於公司債面額，亦即「溢價發行」。

應付公司債的會計處理

公司債的三種發行狀況中，以平價發行的會計處理最為簡單，公司只要按公司債面額入帳，並於付息日計入利息費用即可。折價或溢價發行則是在發行日須同時將公司債面額及折溢價的金額入帳，其折溢價金額再依付息次數逐次攤銷，分錄方式如下：

公司債發行的過程

發行公司債

企業有資金需求，以發行債券形式向社會大眾籌資。

制訂公司債票面利率

發行公司債時，會考量公司體質、財務狀況及市場利率設定公司債票面金額與票面利率，再送交主管機關財政部金融局核可，待證期會核發執照後即上市發行。

票面利率vs.市場利率

票面利率＝市場利率 ➡ 平價發行

票面利率＜市場利率 ➡ 折價發行

票面利率＞市場利率 ➡ 溢價發行

市場行情的評價

投資人依據公司的財務、營運等狀況，依市場供需法則評估公司債的票面利率與價格是否合理，並產生合乎投資人期待的市場利率與市場價格。

公司發行公司債所得

平價發行時 ➡ 發行所得的資金＝預期

折價發行時 ➡ 發行所得的資金＜預期

溢價發行時 ➡ 發行所得的資金＞預期

支付利息

不論公司以平價、折價或溢價發行，均需依票面利率計息。

到期還本

到期日歸還投資人本金及支付最後一期利息。

◆平價發行：發行日分錄方式為借記現金、貸記應付公司債；付息日借記利息費用，貸記現金；到期還本日借記應付公司債與利息費用，貸記現金。

◆折價發行：折價發行的公司債，由於發行公司仍須依照票面利率按期支付投資人利息，因此公司必須認列折價發行所產生的損失。認列方式是將折價發行的損失金額依照發行期數分期攤銷，在支付投資人利息時視為利息費用的增加。分錄方式為在發行日時借記現金及應付公司債折價，貸記應付公司債；付息日借記利息費用，貸記現金及應付公司債折價（應付公司債折價的攤銷方法為公司債折價除以公司債流通期數，即是每期要攤銷的折價損失）；到期還本日借記應付公司債與利息費用，貸記現金及與應付公司債折價。

◆溢價發行：溢價發行公司債時，實際發行收入高於票面金額而帶給公司現金收益，公司對此溢價收入同樣也是依照發行期數，在支付投資人利息時攤銷，不同的是溢價金額則是被當做扣抵原本應支出的利息費用。發行時分錄方式為：在發行日時借記現金，貸記應付公司債及應付公司債溢價；付息日時借記利息費用及應付公司債溢價、貸記現金；到期還本日時借記應付公司債、利息費用與應付公司債溢價，貸記現金。

公司債的會計處理方式

1. 平價發行　發行時票面利率符合投資人要求，即票面利率＝市場利率

實例 平安公司95年1月1日發行2年後到期，票面利率5%，面額共$1,000,000的公司債。每年付息一次，到期一次還本。發行價格$1,000,000。

平價發行

●每期利息費用
＝本金$1,000,000×利率5%
＝$50,000

發行時
95/1/1
借：現金　　　　1,000,000 ⓐ
　　貸：應付公司債　　1,000,000 ⓑ

付息日時
96/1/1
借：利息費用　　50,000 ⓒ
　　貸：現金　　　　50,000 ⓐ

到期還本時
97/1/1
借：應付公司債　1,000,000 ⓑ
借：利息費用　　　50,000 ⓒ
　　貸：現金　　　1,050,000 ⓐ

2. 折價發行

發行時票面利率低於投資人要求，即票面利率＜市場利率

實例 平安公司於95年1月1日發行2年後到期，面額共$1,000,000的公司債，票面利率5%，每年付息一次，到期一次還本。發行價格$980,000。

折價發行

● 公司債折價金額
= 發行面額$1,000,000－發行價格$980,000
= $20,000
● 每期公司債折價攤銷金額
= 公司債折價$20,000÷流通期數2期
= $10,000
● 每期利息費用
= (本金$1,000,000×利率5%)＋每期公司債折價攤銷金額$10,000
= $60,000

發行時

95/1/1
借：現金　　　　　　980,000 ⓐ
借：應付公司債折價　20,000 ⓑ
　貸：應付公司債　　　　1,000,000 ⓑ

付息日時

96/1/1
借：利息費用　　　　60,000 ⓒ
　貸：現金　　　　　　　50,000 ⓐ
　貸：應付公司債折價　　10,000 ⓑ

到期還本時

97/1/1
借：應付公司債　　1,000,000 ⓑ
借：利息費用　　　　60,000 ⓒ
　貸：現金　　　　　　1,050,000 ⓐ
　貸：應付公司債折價　　10,000 ⓑ

3. 溢價發行

發行時票面利率高於投資人要求，票面利率＞市場利率

實例 平安公司於95年1月1日發行2年後到期，票面利率5%，面額共$1,000,000的公司債。每年付息一次，到期一次還本，發行價格$1,030,000。

溢價發行

● 公司債溢價金額
= 發行價格$1,030,000－發行面額$1,000,000
= $30,000
● 每期公司債溢價攤銷金額
= 公司債溢價$30,000÷流通期數2期
= $15,000
● 每期利息費用
= (本金$1,000,000×利率5%)－每期公司債折價攤銷金額$15,000
= $35,000

發行時

95/1/1
借：現金　　　　　　1,030,000 ⓐ
　貸：應付公司債　　　　1,000,000 ⓑ
　貸：應付公司債溢價　　30,000 ⓑ

付息日時

96/1/1
借：利息費用　　　　35,000 ⓒ
借：應付公司債溢價　15,000 ⓑ
　貸：現金　　　　　　　50,000 ⓐ

到期還本時

97/1/1
借：應付公司債　　1,000,000 ⓑ
借：利息費用　　　　35,000 ⓒ
借：應付公司債溢價　15,000 ⓑ
　貸：現金　　　　　　1,050,000 ⓐ

ⓐ 現金屬於資產科目，資產的金額增加時，需記於T字帳的左方，即借方；資產的金額減少時，需記於T字帳的右方，即貸方

ⓑ 應付公司債、應付公司債折（溢）價屬於負債科目，負債的金額增加時，需記於T字帳的右方，即貸方；負債的金額減少時，需記於T字帳的左方，即借方

ⓒ 利息費用屬於費用科目，費用的金額增加時，需記於T字帳的左方，即借方

收益的認列

會計方程式右邊的「股東權益」是指公司股東因投入資本而擁有對公司的索償權，而公司的經營結果不論盈虧最後都會計入股東權益項下。其中，「收益」就是股東權益的重要項目之一。

收益認列
的原則

收益指的是公司經過營業活動所賺取的利潤，按照美國財務會計準則委員會觀念公報第五號規定，收益認列時必須符合兩個條件：第一個條件為「已賺得」，即為賺取該項收益所須投入的成本已全部投入，或大部分都已投入了。例如小明早餐車三明治，因為做好三明治的同時已投入了製作三明治的相關成本，因此屬於「已賺得」。第二個條件為「已實現」，即商品已出售並取得現金或可交換現金的票據，例如三明治在收取現金出售後就屬於「已實現」；或是「可實現」，即商品有明確的交易市場及市價、且隨時可以出售兌現，例如：小明因為客戶訂單所做的三明治即使做好後還沒賣出，但因已確定當天可出售，則屬於「可實現」。

何時認列
收益

然而，企業的生產程序及銷售方法愈趨多樣化，不同屬性的企業達成「已賺得」與「已實現或可實現」原則的確實時間點也不同，因此，會計學將一般企業收益認列的方式按交貨的時點來分為三類：交貨前認列收益，交貨時認列收益及交貨後認列收益。簡述如下：

◆交貨時認列收益：市面上大部分的產品均在產品銷出時就認列收益，例如：一次付清購買家電、上餐館吃飯、購買衣服等等。主要原因是這些產品在銷貨時均已符合認列收益的兩個條件：收益已賺得以及收益已實現，即使有少數售後服務成本尚未投入，但大部分主要成本皆已投入了；此外，商品在銷出時也已收現或取得支票等具有現金交換權的票據。

◆交貨前認列收益：有些產品在交貨前便已符合兩條件，所以在交貨前便可陸續認列收益，例如已簽訂長期工程合約的承包商可以在交貨前，按照工程進度的完工比例認列收益。因為在工程合約簽訂時，銷貨交易即已完成，也確定業主及承包商雙方均有能力及義務履行合約、承包商收款有合理保障，因此已符合「已實現或可實現」原則。承包商隨著工程成本接連投入而陸續實現「已賺得」，所以承包商可以在交貨前陸續認列銷貨收入。

◆交貨後認列收益：有時公司為了促銷產品，而讓消費者在購買商品時分期繳付貨款，分期付款的商品交貨時雖然符合「已賺得」原則，但消費者是否能夠準時繳清貨款尚未確定，因此並不符合「已實現或可實現」原則，所以在交貨的時間點上並不認列銷貨收入，而是於交貨後按收到現金的比例陸續認列。

認列收益的原則及分類

收益認列的條件

條件1 已賺得：為賺取某項收益所須投入的成本，已全部或大部分投入了。

條件2 已實現 或 可實現：
- 商品已經出售換得現金或支票。
- 商品有明確可交易的市場及行情，且隨時可以出售變現。

收益認列的時點

交貨時認列收益 → 交貨時已符合收益認列的條件 → 例如
- 手機製造業者在出售手機時已符合「已賺得」及「已實現」的條件。
- 餐廳業者在客人用完餐時即符合「已賺得」及「已實現」的條件。

交貨前認列收益 → 交貨前已符合收益認列的條件 → 例如
- 農產品等民生必需品在生產完成後、交貨前，因已符合「已賺得」並有確定市價可隨時出售，故可認列收益。
- 重大工程案雖耗時數年，但建商已簽訂長期工程合約，收款已獲保障，因此在正式交貨前可以按已投入的成本比例認列收益。

交貨後認列收益 → 交貨後始符合收益認列的條件 → 例如
- 貴重的家電設備常使用分期付款。雖然家電出售時屬於「已賺得」，但分期付款的尾款是否可收到尚未確定，因此在交貨後再按實際收到現金的比例認列收益。

資本、股本與資本公積

在重要的企業類型—股份有限公司的架構中，公司將其資本分成若干股份，持有其股份者則為股東，股東依其所持的股份分配公司的盈餘，且只就其所出的資金償還債務。

股票類型❶：按有無面值區分

股東依據對公司投入的資本多寡而決定持有的股份、享有的權利、以及應負的義務。

股東依其所占股份而持有的股票可分為有面值股票和無面值股票。有面值的股票是指股票上載明了票面價值，比方說目前我國股份有限公司發行的股票均統一設定股票面值為每股10元，一張股票為1,000股。一般人在股票市場買賣的股票即屬於有面值的股票，這類股票也是做為評估公司價值的主要依據。至於無面值股票，也就是未載明股票票面價值，此類股票僅能代表持有的股份，其價值則是視公司財產價值的增減而變動。

股票類型❷：依股東權利區分

此外，公司亦可依據股東所享有的權利義務區分為普通股和特別股。

普通股是一般常見、可於股票市場流通買賣的股票。普通股的股東依照持有股份享有公司盈餘分配、承擔經營風險的權利與義務、透過股東會參與公司重大經營決策、以及由股東中選任董事、監察人的表決權與被推選權，此外，當公司發行新股時，普通股股東也有優先認購新股的權利。

公司除了發行普通股外，有時也會因為特殊目的而發行特別股。特別股股東所享有的權利義務與普通股股東不盡相同，例如特別股股利分配優先於普通股，但股利通常較低，另外，當公司解散清算剩餘財產時，特別股的分配權也優先於普通股，但特別股通常沒有參與重大經營決策的權利。

資本＝股本＋資本公積

由於公司股東僅依其投入的資本對公司的負債負責，假設股東可以任意提取資本，公司很可能會出現財務危機，使債權人失去保障。因此，法律規定公司資本不得任意減少，且公司必須有盈餘才可以分配股息。由於有這個限制，公司帳務就必須明確劃分清楚哪些是股東投入的資本、哪些又是公司所賺取的盈餘，因此，「資本」與「保留盈餘」就成了股東權益中最重要的兩大項目。

普通股vs.特別股

普通股		特別股
一般投資大眾所購買的多為普通股，普通股股東即是公司資產的所有人	意義	公司募集資金時，為避免普通股股東的參與決策權被稀釋、股份增加使盈餘不敷分派，故發行特別股
公司有盈餘時才享有盈餘分配權	盈餘分配	優先分配股利（股利明訂於發行條款，通常較普通股低）
有參與決策權、可選任董監事	決策	無參與決策權，不過問公司營運
公司發行新股時享有優先認股權	優先認股	公司發行新股時無優先認股權
當公司清算解散時，無剩餘財產分配之優先權	剩餘財產分配	當公司清算解散時，剩餘財產分配權優先於普通股

公司的資本結構

股東權益
公司的總資產減除總負債

資本
公司股東對公司所投入的金額

- **股本**
  公司發行股數乘上股票票面價值所得的金額

  例如 早餐車公司發行面額$10的股票10,000股，則股本為$100,000（10,000股×面值$10）

- **資本公積**
  股東所投入的資本溢於股票票面價值的部分

  例如 股東小張以$15買進早餐車公司面額$10股票10,000股，則資本公積為$50,000〔10,000股×(市價$15-面值$10)〕

保留盈餘
公司累積所賺取的收益中尚未分派給股東的部分

其中，就資本來說，又可分為「股本」和「資本公積」。股本是指透過發行有面值股票所得的總金額，計算方式為發行股數乘以股票面值（即10元）。例如：公司發行面額10元的股票100,000股，則股本為1,000,000元（100,000股×每股面額10元）。但每一股東買進股票的價格不同，如甲股東以每股15元買進50,000股股票；乙股東以每股20元買進50,000股股票，而使股東所投入的資本高於股票的票面價值，超出的部分即稱為資本公積。此例中，甲、乙股東投入的資本總共為1,750,000元〔（50,000股×每股市價15元）＋（50,000股×每股市價20元）〕，相較於依股票面值計算的股本1,000,000元，多出的750,000元（資本1,750,000元－股本1,000,000元）即是資本公積。股本和資本公積都是股東投資供企業營運使用的長期資金，公司均不得任意減少。

股份發行的會計處理

由於每位股東的持股以及投入的資本均關係著其對公司所負的債務責任以及分配盈餘的比率，因此不同的股票發行情形，其會計處理方式也會有所不同。舉例說明：

◆發行價格與面額相同：假設小明的早餐車公司發行面額10元的股票1,000股，其發行價格等於股票面額，則公司收到現金時應借記現金10,000元，貸記普通股本10,000元（1,000股×每股面值10元）。

◆發行價格高於面額時：若早餐車公司發行面額10元的股票1,000股，其發行價格為12元，則應借記現金12,000元，貸記普通股本10,000元，超過面額部分應貸記普通股溢價2,000元（現金12,000元－普通股本10,000元）。在此普通股溢價科目即是資本公積。

◆非現金資產交換股份：有時公司藉發行股票來換取所需的資產例如機器設備。此時，所換入資產價值須以股票的公平市價計算。假設早餐車公司以1,000股普通股對外交換一組機器設備且當日股價為16元，則應借記機器設備16,000元（1,000股×每股市價16元），貸記普通股本10,000元（1,000股×每股面值10元）及普通股溢價6,000元（機器設備16,000元－普通股本10,000元）。

股份發行的會計處理

1. 發行價格與面額相同

實例 和平公司於96年1月1日發行面額$10的普通股1,000股,其發行價格等於股票面額。

計算

- 股本＝發行股數1,000股×股票面值$10
  ＝$10,000
- 資本公積＝普通股溢價$0

分錄

96/1/1
借:現金　　　　　10,000
　貸:普通股股本　　10,000
　　　1,000股×每股面值$10

> 現金屬於資產科目,資產的餘額增加,故記於T字帳的左方,即借方

> 普通股股本屬於業主權益科目,業主權益的餘額增加,故記於T字帳的右方,即貸方

2. 發行價格高於面額

實例 和平公司於96年6月1日現金增資發行面額$10的普通股1,000股,其發行價格為$15。

計算

- 資本＝發行股數1,000股×發行價格$15
  ＝$15,000
- 股本＝發行股數1,000股×股票面值$10
  ＝$10,000
- 資本公積＝資本$15,000－股本$10,000
  ＝$5,000

分錄

96/6/1
借:現金　　　　　15,000
　貸:普通股股本　　10,000
　貸:資本公積－
　　　普通股溢價　　5,000

> 現金屬於資產科目,資產的餘額增加時,需記於T字帳的左方,即借方

> 普通股股本屬於業主權益科目,業主權益的餘額增加時,需記於T字帳的右方,即貸方

> 資本公積屬於業主權益科目,業主權益的餘額增加時,需記記於T字帳的右方,即貸方

3. 以非現金資產交換股份

實例 和平公司於97年1月1日以1,000股普通股對外交換一筆土地,且當日股價為$16。

計算

- 資本＝交換股數1,000股×發行價格$16
  ＝$16,000
- 股本＝發行股數1,000股×發行價格$10
  ＝$10,000
- 資本公積＝資本$16,000－股本$10,000
  ＝$6,000

分錄

97/1/1
借:土地　　　　　16,000
　貸:普通股股本　　10,000
　貸:資本公積－
　　　普通股溢價　　6,000

> 現金屬於資產科目,資產的餘額增加時,需記於T字帳的左方,即借方

> 普通股股本屬於業主權益科目,業主權益的餘額增加時,需記於T字帳的右方,即貸方

> 資本公積屬於業主權益科目,業主權益的餘額增加時,需記記於T字帳的右方,即貸方

保留盈餘

股東權益中除了做為營運資本的股本、資本公積外,另一主要科目即為保留盈餘。保留盈餘是公司經營結果的累積,當公司賺錢而有淨利時,保留盈餘增加;當公司虧損或分派股息時,則保留盈餘減少。

保留盈餘的影響項目

保留盈餘是指公司歷年來的盈餘中被保留下來沒有分派給股東的部分;公司每期損益的彙總、前期損益調整、指定提撥的法定保留盈餘的比例及從盈餘中分派股東股利的金額等,都會影響公司保留盈餘的餘額。分述如下:

◆每期損益的彙總:保留盈餘主要為公司經營結果的累積,因此,公司每期的損益彙總後得出餘額,都應轉入保留盈餘科目下。例如大東公司從前期轉入的保留盈額為10,000,000元,今年損益彙總餘額為5,000,000元,使得保留盈餘增加為15,000,000元。會計分錄為:借記損益彙總15,000,000元,貸記保留盈餘15,000,000元。

◆前期損益調整:一般公認的會計原則中,當發現前期損益計算、記錄錯誤,或會計原則與方法上發現錯誤時,就應調整從前期期末轉入、記入本期期初的保留盈餘。例如大東公司今年發現去年多認列了500,000元的利息費用,故去年稅前淨利應增加500,000元,扣除所得稅125,000元(增加淨利500,000元×所得稅率25%)後,該稅後淨利少計了375,000元(稅前淨利500,000元—應補繳所得稅125,000元),所以應將375,000元以前期損益調整的方式計入今年期初的保留盈餘中。

◆指定提撥的保留盈餘:公司的盈餘雖可用來分派股利給各股東,但為了保障公司的債權人,規定每年提撥一定比例的保留盈餘不得用來分派股利,這種用途受限的保留盈餘稱做「指撥的保留盈餘」。公司於完納稅捐後,應提撥保留盈餘的10%做為「法定盈餘公積」,不得用來分派股利及員工紅利,以便公司萬一有虧損時可以彌補。在大東公司的例子中,今年底應提撥10%的法定盈餘公積1,500,000元(保留盈餘15,000,000元×10%)

◆股利的分配:未受指撥的保留盈餘即可用來分派股利,基本上公司可以發放現金股利或股票股利。例如大東公司今年4月26日通過每股發放現金股利2元共計100,000股,共 200,000元(100,000股×現金股利每股2元),未受指撥的保留盈餘就會從13,500,000元(保留盈餘15,000,000元—法定盈餘公積1,500,000元),減少為13,300,000元(原為13,500,000元—股利200,000元)。

四種影響保留盈餘的項目

1. 每期損益的彙總

公司每期的損益都將轉入保留盈餘項下。

實例 喜樂公司去年底結完帳後，損益彙總帳戶餘額為$1,600,000（去年期末保留盈餘），則今年期初保留盈餘的分錄如下：

1/1 借：損益彙總　1,600,000 **ⓐ**
　　　貸：保留盈餘　　　1,600,000 **ⓑ**

3. 指撥的保留盈餘

為保障公司債權人權益，公司應於完納稅捐後提撥保留盈餘的10%做為「法定盈餘公積」，不得做為分派股利之用。

實例 喜樂公司今年經調整前期損益後的保留盈餘為$167,500，6月1日提撥保留盈餘的10%做為法定盈餘公積，會計分錄如下：

6/1 借：保留盈餘　　167,500 **ⓑ**
　　　貸：法定保留盈餘　167,500 **ⓑ**

2. 前期損益調整

當前期損益出現試算錯誤或會計原則有所變動時，就必須調整前期期末保留盈餘，並轉入本期期初保留盈餘中。

實例 喜樂公司今年2月1日發現，去年的機器折舊費用多計了$100,000，使該年淨利少計了$100,000；應付所得稅也少付了$25（淨利減少$100,000×所得稅率25%），而使今年的期初保留盈餘短少了。調整加回今年保留盈餘餘額的會計分錄如下：

2/1 借：累計折舊　　　100,000 **ⓒ**
　　　貸：前期損益調整　　75,000 **ⓑ**
　　　貸：應付所得稅 (25%)　25,000 **ⓓ**

4. 股利的分配

扣除保留盈餘中指定提撥的10%做為法定盈餘公積，其餘可以股利形式分派給股東。

實例 喜樂公司經股東大會決議，於6月1日公告總共發放$600,000的現金股利而使公司保留盈餘減少，會計分錄如下：

6/1 借：保留盈餘　　600,000 **ⓑ**
　　　貸：應付現金股利　600,000 **ⓑ**

ⓐ 損益彙總屬於收入科目的減項，收入的金額減少時，需記於T字帳的左方，即借方

ⓑ 保留盈餘、前期損益調整、法定保留盈餘、應付現金股利屬於業主權益科目，業主權益的金額減少時，需記於T字帳的左方，即借方；業主權益的金額增加時，需記於T字帳的右方，即貸方

ⓒ 累計折舊屬於資產科目的減項，資產的金額增加時，需記於T字帳的左方，即借方

ⓓ 應付所得稅屬於負債科目，負債的金額增加時，需記於T字帳的右方，即貸方

保留盈餘

喜樂公司今年總計淨利為$2,000,000，於年底結完帳彙總本期影響保留盈餘的項目後，保留盈餘餘額如下：

1/1	餘額	1,600,000
2/1	加：前期損益調整	75,000
2/1	調整後餘額	1,675,000
6/1	減：股利分配	(600,000)
12/31	加：淨利	$2,000,000
12/31	餘額	3,075,000

每股盈餘

公司每期損益表中會列出當期淨利（或淨損）的總額，但對股東而言，用以表示每股可分得多少淨利或損失的「每股盈餘」，才是最值得關心的。

什麼是每股盈餘　　每股盈餘（簡稱EPS）是指每一股普通股所賺得的盈餘或發生的損失。每股盈餘常被用來評估公司獲利能力，也是投資人衡量股票價格的參考。每期損益表的「本期淨利」下方，都會列出當期的每股盈餘。

每股盈餘的算法　　一般而言，股份有限公司依資本的組成結構是簡單的資本結構還是複雜的資本結構之分，每股盈餘的算法、以及在報表上應提供的訊息也不同。分述如下：

◆簡單資本結構的公司僅發行普通股，簡單資本結構的公司應在損益表上列示「基本每股盈餘」以表達普通股每股當期所賺得的盈餘或發生的損失，計算方式也就是直接將屬於普通股股東的本期損益除以普通股股數。

◆複雜資本結構的公司有可轉換成普通股且會稀釋股利的「潛在普通股」流通在外。計算複雜資本結構公司的每股盈餘時，需將此類潛在普通股納入考量，因此在其損益表上除了表達「基本每股盈餘」，尚須列示「稀釋每股盈餘」。「稀釋每股盈餘」需計算具稀釋作用的潛在普通股轉換後的損益影響數，也就是必須計算出可轉換特別股股利、可轉換公司債利息費用、因轉換產生的相關收入或費用……等對每股盈餘的影響，計算方法是將屬於普通股股東的本期損益加上具稀釋作用的潛在普通股轉換後的損益影響數，除以普通股股數與具稀釋作用的潛在普通股數量總和。

潛在普通股

某些金融商品或合約，例如可轉換公司債、可轉換特別股、認股權、認股證……等，提供持有人於一定期間內，有權利按約定的轉換價格（或比率）將其轉換成發行公司的普通股，此類有價證券通稱為「潛在普通股」。

公司的資本結構與每股盈餘的計算

公司屬於簡單資本結構

公司僅發行普通股,沒有任何可轉換成普通股的有價證券流通在外。

公式 基本每股盈餘 = $\dfrac{\text{屬於普通股股東的本期損益}}{\text{普通股股數}}$

實例 幸福公司去年將淨利$1,000完全分配給股東,去年流通在外普通股數為100股,該公司沒有任何可轉換成普通股的有價證券,因此普通股每股盈餘為:

$$\text{基本每股盈餘} = \frac{\text{屬於普通股股東的本期損益}\$1,000}{100\text{股}} = \$10$$

公司屬於複雜資本結構

公司除了普通股外,亦有發行可轉換成普通股的認股權、特別股或公司債等有價證券。

公式 基本每股盈餘 = $\dfrac{\text{屬於普通股股東的本期損益}}{\text{普通股股數}}$

稀釋每股盈餘 = $\dfrac{\text{屬於普通股股東的本期損益} + \text{具稀釋作用的潛在普通股轉換後的損益影響數}}{\text{普通股股數} + \text{具稀釋作用的潛在普通股約當股數}}$

實例 幸福公司今年淨利$1,000完全分配給股東,流通在外普通股數為100股,今年也發行了每股面值$100、票面利率10%的特別股5股,每1股可轉換普通股5股。則其每股盈餘為:

- 潛在普通股轉換後損益影響數 = $50(特別股5股×面值$100×票面利率10%)
- 屬於普通股股東的本期損益 = $950(今年淨利$1,000-潛在普通股轉換後損益影響數$50)
- 特別股約當普通股數為 = 25股(5股×5股)

$$\text{基本每股盈餘} = \frac{\text{屬於普通股股東的本期損益}\$950}{\text{普通股數}100\text{股}} = \$9.5$$

$$\text{稀釋每股盈餘} = \frac{\text{屬於普通股股東的本期損益}\$950 + \text{特別股轉換後損益影響數}\$50}{\text{普通股股數}100\text{股} + \text{特別股約當普通股數}25\text{股}} = \$8$$

股東權益的其他變動

在股東權益科目中，除了資本及保留盈餘，還有一些事項或交易會影響股東權益，例如公司受贈資產或資產增值。

捐贈資產的會計處理

公司有時會接受其他團體或個人捐贈資產或補助，例如捐贈土地供公司建蓋廠房用。由於這類捐贈是在負債不變之下增加公司資產，因此股東的權益也隨之增加。當公司接受捐贈資產或補助時，有兩種會計的處理方法：一種為將該捐贈物視為公司額外的收入，而以該捐贈物的公平價值借記捐贈物、貸記捐助收入；另一種方法為將該捐贈物視為股東的投入，而借記捐贈物、貸記資本公積—受領贈與科目。

資產重估

依據目前一般公認的會計原則，公司的資產除了少部分可以採用「成本與市價孰低法」（即比較購置成本與當時市價後採較低的金額入帳），大部分資產是直接採用依購置成本入帳的「成本法」計價。然而有些公司成立年代久遠，公司資產因增值而使得帳上的成本被嚴重低估，或因貶值而被高估，無法忠實表達公司真正的價值。為了解決這樣的問題，有些政府的政策允許營利事業辦理資產重估，重估後則將溢價計入資本公積項下。例如我國的法令即規定公司的房屋、土地等固定資產、石油、黃金等遞耗資產及商標、著作權等無形資產可於必要時依法辦理資產重估。會計處理方式如下：

◆土地重估：土地的重估價應按公告現值辦理，如果沒有公告現值，則可按各縣市政府不動產評價委員會評定的標準價格調整。另外，由於土地若有增值須繳納土地增值稅，因此土地增值重估入帳時應將土地增值稅負債一併計入。

◆土地外之重估資產：土地以外的資產，例如機器設備、廠房等，在做資產價值重估時，應將該資產的帳面價值按照物價指數的變化做調整，計算方式為帳上成本減去累積折舊後，乘以重估年度與取得年度物價指數的比率。

捐贈與增值資產的會計處理方式

當公司受贈資產時

實例

大東公司於95年12月31日接受土地之捐贈，其公平價值為$10,000，會計分錄做法為：

方法 1 將土地視為當期額外的收入

95/12/31
借：土地　　　　　10,000
　　貸：捐助收入　　　10,000

> 土地屬於資產科目，資產的金額增加時，需記於T字帳的左方，即借方

> 捐助收入屬於收入科目，收入的金額增加時，需記於T字帳的右方，即貸方

方法 2 將土地視為當期股東權益的增加

95/12/31
借：土地　　　　　　　10,000
　　貸：資本公積—受領贈與　　10,000

> 資本公積屬於業主權益科目，業主權益的金額增加時，需記於T字帳的右方，即貸方

當公司資產重估時

情形 1 土地重估

實例 大甲公司有一筆土地帳面價值$100,000，96年1月1日公告現值為$200,000，土地增值稅率為30%，重估分錄如下：

96/1/1
借：土地　　　　　　　　　　100,000
　　　96年公告現值$200,000—帳面價值$100,000
　　貸：土地增值稅負債（30%）　　30,000
　　　　增值$100,000×土地增值稅率30%
　　貸：資本公積—資產重估增值　　70,000

> 土地增值稅屬於負債科目，負債的金額增加時，需記於T字帳的右方，即貸方

情形 2 土地之外的資產重估

實例 大甲公司90年購入一機器設備$3,000，估計使用年限為10年，殘值為0。該年度物價指數為100，96年資產重估時為160。

96/1/1
借：機器設備　　　　　　　720
　　貸：資本公積—資產重估增值　　720

> 機器設備屬於資產科目，資產的餘額增加時，需記於T字帳的左方，即借方

資產重估價值＝（帳上成本—累積折舊）× $\dfrac{\text{重估年度物價指數}}{\text{取得年度的物價指數}}$

- 累積折舊＝$\dfrac{(\text{帳上成本}\$3,000-\text{殘值}\$0)}{\text{使用年限}10\text{年}}$×已使用年數6年＝$1,800

- 重估價值＝（帳上成本$3,000—累積折舊$1,800）× $\dfrac{\text{重估年度物價指數}160}{\text{取得年度物價指數}100}$＝$1,920

- 資產重估增值＝重估價值$1,920—（成本$3,000—累積折舊$1,800）＝$720

所得稅會計

企業是法人組織，享有權利也須承擔義務。每年得向政府繳納所得稅即為企業應盡的義務之一。然而，政府在對企業課稅時的考量常常與一般公認的會計原則不同，使得企業在處理這些差異時，會計作業上必須有所調整。

稅法與會計原則的差異

政府的課稅原則常與會計入帳的原則有出入，例如，對財務會計而言，公司的交際費用為公司的支出，應能全數扣抵公司的所得使應繳的所得稅降低；但政府規定企業在報稅時交際費用僅能依一定的限額申報。這類財務會計原則及政府課稅原則的不同，就會造成公司實際上的財務所得與申報的課稅所得不盡相同，以致會計帳上與申報書上所計算出的應付所得稅金額不一致，而必須在會計作業上進行調整。

永久性差異

財務所得與課稅所得的差異大致上可分為永久性差異和暫時性差異。永久性差異是由於會計上和稅法上對收入或費用認定的金額不同所造成，這些差異對公司的財務會計資訊的影響期間為永久的，並不會在經過幾個會計年度後自動消失。當永久性差異發生時，公司必須在計算當期所得稅費用時做一次性的調整。以交際費為例，假設大東公司當年度的交際費為100,000元，但稅法上卻規定該公司只能認列70,000元，則交際費中多出的30,000元（100,000元－70,000元）即為永久性差異，因此公司在會計帳上雖然認列交際費100,000元，但報稅時應將此筆費用30,000元剔除，應付所得稅也隨之增加，會計分錄為借記：所得稅費用，貸記：應付所得稅。

暫時性差異

暫時性差異是因為會計上對收入或費用認列的時點與稅法上認列的時點不同所致。例如：公司在財務報表上的折舊方法是採用直線法，但稅法上採取的卻是倍數餘額遞減法（折舊方法參見68頁），導致折舊費用認列的時間點不同；又例如基於配合原則，一般公司對產品服務保證費用的做法是在銷貨發生的年度便已將產品服務保證費用估計入帳，但在稅法上，售後服務費用須等到費用實際發生時才能入帳，因而使得當期的財務所得低於課稅所得，而依財務所得計算的所得稅費用也會低於依課稅所得計算出的應付所得稅金額。由於公司必須依據稅法繳納應付所得稅，因此差額部分在會計帳上可視為公司預先提繳的稅金，認列為「遞延所得稅資產」。在下一年度繳稅期間，即可以預先提繳的「遞延所得稅資產」扣抵當年度的所得稅費用。

暫時性差異的會計處理

暫時性差異

會計原則與稅法上對收入或費用認列的時點不同所造成。經過幾個會計期間後，差異會逐漸被抵銷。

實例　大東公司95年銷售1,000件產品，依據以往經驗，發生故障的機率約3%，且平均每件維修費用約$200，因此大東公司在95年認列了$6,000的產品保證費用。結果如下：

● 該1,000件產品在95年並無發生故障，96年故障了10件，97年故障了20件，每件實際的維修費用為$200。

● 大東公司95年、96年、97年未扣除產品保證費用前淨利分別為$600,000、$800,000、$900,000。

大東公司應該如何調整會計帳與稅法上應付所得稅的差異？

	95 年	96 年	97 年	合　計
財務報表				
未扣除產品保證費用前淨利	600,000	800,000	900,000	2,300,000
產品保證費用	6,000	0	0	6,000
財務所得	594,000	800,000	900,000	2,294,000
所得稅費用（稅率為25%）	148,500	200,000	225,000	
所得稅申報書				
未扣除產品保證費用前淨利	600,000	800,000	900,000	2,300,000
產品保證費用	0	2,000	4,000	6,000
課稅所得	600,000	798,000	896,000	2,294,000
應付所得稅（稅率為25%）	150,000	199,500	224,000	
遞延所得稅資產	1,500	(500)	(1,000)	0

> 經過96及97年維修費用的陸續發生，財務所得與課稅所得的差異逐漸被抵銷。

做法

● 95年
應付所得稅$150,000＞所得稅費用$148,500，應付所得稅多繳的$1,500，在會計帳上認列為遞延所得稅資產。

95/12/31
借：所得稅費用　148,500 ⓐ
借：遞延所得稅資產　1,500 ⓑ
　　貸：應付所得稅　　150,000 ⓒ

ⓐ 所得稅費用屬於費用科目，費用的金額增加時，需記於T字帳的左方，即借方

● 96年
應付所得稅$199,500＜所得稅費用$200,000，少繳的應付所得稅$500，在會計帳上可以事先提列的遞延所得稅資產扣抵。

96/12/31
借：所得稅費用　200,000 ⓐ
　　貸：應付所得稅　199,500 ⓒ
　　貸：遞延所得稅資產　500 ⓑ

ⓑ 遞延所得稅資產屬於資產科目，資產的金額增加時，需記於T字帳的左方，即借方；資產的金額減少時，需記於T字帳的右方，即貸方

● 97年
應付所得稅$224,000＜所得稅費用$225,000，少繳的應付所得稅$1,000，在會計帳上可以事先提列的遞延所得稅資產扣抵。

97/12/31
借：所得稅費用　225,000 ⓐ
　　貸：應付所得稅　224,000 ⓒ
　　貸：遞延所得稅資產　1,000 ⓑ

ⓒ 應付所得稅屬於負債科目，負債的金額增加時，需記於T字帳的右方，即貸方

5
Chapter 損益表及業主權益變動表

會計人員從記錄每一筆交易、編寫會計分錄、彙
總整理後,最後、也是最重要的就是編製四大財
務報表。四大報表包括列出一家公司的收入及費
用間差距的「損益表」、記錄業主權益變動的
「業主權益變動表」、列出一家公司的資產、負債
以及業主權益的「資產負債表」、以及表達現金
收入與支出的「現金流量表」。財務報表除了公
允表達公司財務狀況外,也讓使用者可以容易且
清楚地得到想要的資訊。對資訊的使用者而言,
最重要的就是看懂四大報表。

- 四大財務報表各自代表企業營運的哪個面向？報表之間有什麼關係？
- 損益表代表什麼意義？
- 損益表的功能及限制有哪些？
- 損益表的組成要素有哪些？如何編製損益表？
- 業主權益變動表代表什麼意義？
- 如何編製業主權益變動表？

會計的四大報表

會計活動的主要目的是將公司的財務狀況及經營結果忠實地表現出來,好讓資訊的使用者能夠做出正確的決策。為讓使用者更容易閱讀,編製一份好的財務報表是會計循環非常重要的程序。

**四大報表
的意義**

　　企業主要有四大財務報表:資產負債表、損益表、業主權益變動表及現金流量表。四大報表各有其意義及重要性,分述如下:

◆資產負債表:表達企業在某一特定日期的資產、負債及業主權益,又稱做「財務狀況表」,是評估企業償債能力的重要依據之一。由於該報表表現的是公司在某一時間點如今年12月31日當天的財務狀況,因此屬於靜態報表。

◆損益表:列出企業的收入與費用,可表達企業某段期間的經營結果,也是評估企業獲利能力的重要依據。由於損益表表現的是一段期間例如今年1月1日到12月31日所累積的收入及費用,因此屬於動態報表。

◆業主權益變動表:表達企業在一段期間的業主權益,即企業資產減去負債後餘額的變化情形,是動態的報表,提供企業資本結構變化的重要資訊。

◆現金流量表:表達企業某特定期間現金流入或流出的情形,亦為動態的報表,提供企業三大經濟活動—營業活動、投資活動、融資活動—交易情形的重要資訊。

**從分錄到
報表**

　　公司日常經營時無論發生何種交易,皆可以T字帳的借貸法則,也就是符合「資產=負債+業主權益(資本+收入—費用)」的會計方程式架構加以記錄。左方應記錄公司所擁有的資產,右方記錄未來需償還的負債與業主權益。業主權益部分包括了業主投入的資本與銷貨所賺得的收入,此二項應記錄於T字帳右方,此外,因營運而發生的費用(成本)應計於左方。

　　實際編製報表時,公司會彙總本期帳上屬於資產科目(如現金、應收帳款、機器設備等)、負債科目(如應付帳款、應付票據、應付公司債等)、業主權益科目(如業主投資、資產重估增值、庫藏股交易等)、收入科目(銷貨收入、利息收入等)及費用科目(銷貨成本、薪資費用、利息費用等)的餘額,再將各科目餘額依據會計方程式架構製成左方二類(資產、費用),

財務報表編製過程

會計分錄

將公司的所有交易依借貸法則記錄於T字帳。

T字帳	
借：資產增加 　　負債減少 　　業主權益減少 　　收入減少 　　費用增加	貸：資產減少 　　負債增加 　　業主權益增加 　　收入增加 　　費用減少

製作試算表

將分錄後的各科目依據會計方程式原則製作成試算表。

試算表	
資產（期末） 當期費用	負債（期末） 業主權益（期初） 本期業主投資 當期收入

結算損益表後的試算表

計算本期損益後可將原試算表改編為結算損益表後的樣式。

結算損益試算表	
資產（期末）	負債（期末） 業主權益（期初） 本期業主投資 本期淨利

製作損益表

將試算表的收入與費用科目的總額相減，即得出本期損益。

損益表
收入
一費用
本期淨利

製作業主權益變動表

利用結算損益後試算表中期初業主權益、本期業主投資與本期淨利（或淨損）三項數字編製。

業主權益變動表
期初業主權益
＋本期業主投資
＋本期淨利
期末業主權益

製作現金流量表

調整損益表的本期淨利中不實際以現金收支，卻會對本期淨利（或淨損）產生影響的項目及與營業活動相關科目餘額的變動，再根據資產負債表中投資活動與融資活動相關科目餘額變動計算出期末現金餘額。

現金流量表
營業活動的現金流量：
本期淨利
加：折舊
減：處分固定資產利益
存貨增加
應付費用減少
營業活動的現金淨流入(出)
投資活動的現金流量：
投資活動的現金淨流入(出)
融資活動的現金流量：
融資活動的現金淨流入(出)
本期現金增加數
期初現金餘額
期末現金餘額

製作資產負債表

以「期末資產＝期末負債＋期末業主權益」的原則編製期末資產負債表。

資產負債表	
資產（期末）	負債（期末） 期末業主權益

右方三類（負債、業主權益、收入）的試算表。試算表並非正式的財務報表，而是公司在日常分錄乃至編製財務報表的過程中，用以檢查左方金額的總計是否與右方金額總計相等而製作，目的是使帳務處理結果正確無誤。

利用試算表中的收入與費用科目即可編製損益表，將收入減去費用可得出本期淨利（或淨損）。製作完損益表後，便可以本期淨利取代收入與費用，做成「結算損益後試算表」，再以表中的期初業主權益、本期業主投資與本期淨利（或淨損）三個數字編製業主權益變動表，以表達出本期業主權益的增減變化。之後再將結算損益表後的試算表當中的資產、負債科目列出，加上業主權益變動表的期末餘額，以左方資產、右方負債及業主權益的方式編為資產負債表。

需要特別說明的是，編製現金流量表的過程較為複雜，必須將損益表中的本期淨利扣除不需以現金收支的項目，例如折舊費用的認列並未直接減少現金，但淨利中卻已將其扣除，須將折舊費用加回才能得出實際的現金流量。再由資產負債表中流動資產及流動負債的增減推算出營業活動相關的現金流量，接著再計算與投資活動、融資活動相關的現金流量，最終總計出期末現金餘額。而投資活動的現金流量即為本期出售及購置固定資產所花費現金的差額；融資活動的現金流量則包括業主投資、分配給業主、以融資為目的債務舉借及償還所造成的現金增減。現金流量表的編製方法在〈Chapter 6資產負債表及現金流量表〉會有進一步的說明。

**四大報表
的相關性**

從四大報表的編製過程亦可反映出每個報表雖然提供不同的資訊，但資訊內容息息相關：在一個會計期間的開始，期初的資產負債表所表達的是企業期初財務狀況，包括各資產、負債及股東權益科目的期初餘額。接著在會計期間中，企業不斷發生各種經濟活動，這些活動的交易就會造成現金的流入或流出、資產的增加或負債的減少（產生收入）、資產的減少或負債的增加（產生費用）及資本的變動。其中與現金的流入或流出相關的經濟活動，就會記錄在現金流量表；增加的收入或費用就會由損益表來表現；改變股東權益項目的就記錄於業主權益變動表。最後期末時，現金流量表的期末現金餘額、損益表的本期淨利及業主權益變動表的各項餘額都會與期末資產負債表的相關餘額相等。

四大報表的相關性

資產負債表

要了解96年1月1日的期初財務狀況，必須看95年度最後一天的資產負債表。

資產負債表
95年12月31日

| 資產 | 負債 |
| | 業主權益 |

表達某一特定日期資產、負債與業主權益的情形。

期初資產、負債科目餘額會隨本期收入、費用科目的增減而變動，且持續累計下去

表達某一段期間資產減去負債後餘額變化的情形。

表達某一段期間的經營結果。

表達某一段期間企業現金流入或流出的情形。

現金流量表

製作期中每月、每季及年度現金流量表，即可了解96年度現金流入或流出的情形。

現金流量表
96年度

營業活動的現金流量
＋投資活動的現金流量
＋融資活動的現金流量

本期現金增減數
期初現金餘額

期末現金餘額

收入科目使現金增加；費用科目使現金減少

損益表

製作期中每月、每季及年度損益表，即可了解96年度的營運情形。

損益表
96年度

收入
－費用

本期淨利（淨損）

本期淨利（淨損）為業主權益的來源

業主權益變動表

製作期中每月、每季及年度業主權益變動表，即可了解96年度業主權益變動情形。

業主權益變動表
96年度

期初業主權益
＋本期業主投資
＋本期淨利（淨損）

期末業主權益

收入科目代表資產增加或負債減少；費用科目代表負債增加或資產減少

96年度現金流量表的期末現金餘額應相當於96年12月31日資產負債表的期末現金餘額

資產負債表

要了解96年12月31日的期末財務狀況，必須看96年度最後一天的資產負債表。

資產負債表
96年12月31日

| 資產 | 負債 |
| | 業主權益 |

96年度業主權益變動表的期末業主權益餘額應相當於96年12月31日資產負債表的業主權益餘額

損益表的功能及限制

四大報表中,損益表表達的是企業在某特定期間的獲利。對公司的投資人或債權人來說,公司的獲利能力直接關係到股東的投資收益及債務收回的可能性,因此損益表往往是最受重視的財務報表。

經營績效的重要指標

損益表是觀察公司經營績效及獲利能力最重要的依據。其功能分述如下:

◆ 表達目前的經營績效:損益表中列出了公司在某一會計期間內發生的所有收入及費用的金額,並且按不同性質分門別類,例如銷貨收入、利息收入、管理費用、所得稅費用。透過損益表,資訊的使用人很容易就能了解公司目前的經營績效。

◆ 預測未來的盈餘:報表的使用人可以藉由對公司目前經營績效的了解來預測未來的盈餘,例如某公司當年度的盈餘有一部分是因為處分公司土地獲利,但明年度公司並無處分資產的打算、且估計明年業績持平,如此一來可以預估明年的盈餘會下降。

◆ 表明獲利來源:由於損益表會依照不同的收入、費用科目分類,例如本業的銷貨收入、業外的利息收入與股利收入,因此報表的使用人可以分辨公司獲利中有多少是來自本業、即因公司主要產品的銷貨而產生的利潤,又有多少百分比是來自業外。一般而言,主要獲利來自本業的公司,其公司的核心競爭力即產品競爭力也比較強。

損益表的使用限制

損益表雖然提供了資訊使用者評估公司經營績效的依據,為了讓財務資訊的表達更公正,因此,報表的編製需要遵守一般公認的會計原則,但如此一來,也使得財務資訊的使用受到了一些限制,分述如下:

◆ 貨幣評價慣例的限制:即不能以貨幣衡量其價值的事項,例如員工的士氣、管理階層的效率等便無法入帳。然而,這些無法用貨幣衡量其價值的事項可能大大影響公司的經營績效,但在損益表中卻無法將其完整表達。

◆ 不同會計方法的選用:在一般公認的會計原則下,公司仍然可以選擇不同的會計方法,例如固定資產的折舊可以採用直線法或年數合計法來計算(參見68頁)。所以,若兩家公司採

用不同的會計方法，損益表的比較基礎就會有所不同。

◆ 有些估計值不夠客觀：損益表中有一些數字是估計而來，並不是實際發生的金額，例如壞帳費用，所以其正確性多少會受到影響。

損益表的功能及使用限制

功能 1 表現目前經營績效

由損益表可以得知公司的收入多少、費用多少、到底賺不賺錢。

例如
大東公司96年的營業淨利為$1,000,000，表示當期公司有賺錢。

功能 2 預測未來的盈餘

可以藉由對公司目前績效的了解來預測未來是否會有好的表現。

例如
大東公司今年的營業淨利較去年高，代表公司的業務有所成長，可以預期會愈來愈好。

功能 3 表明公司的獲利來源

專注經營本業的公司，業內淨利應該會比業外淨利來得好，其產品競爭力也比較值得信賴。

例如
大東公司今年營業淨利較營業外收入高，表示公司較專注於本業經營。

功能

損益表

表達一家公司在一段期間的收入及費用，以及兩者的差距（即淨利或淨損）。

限制

限制 1 貨幣評價慣例

無法表現不能換算成貨幣的事項。

例如
員工的士氣、向心力無法以貨幣表達。

限制 2 選用不同會計方法

不同公司若以不同的會計方法做帳，便無法相互比較。

例如
A、B公司分別以直線法和倍數餘額遞減法提列固定資產的折舊費用，因採用的會計方法不同而無法互相比較。

限制 3 有些估計值不夠客觀

帳上的估計值與實際數字可能有差異，並非完全正確、客觀。

例如
壞帳費用、服務保證費用的認列是依據估計先行入帳，因此可能與實際情況不符。

損益表組成的四大要素

損益表的內容呈現方式是將一個會計期間內公司的收入部分分為「收入」及「利得」兩類，費用分為「費用」及「損失」兩類，透過較細的分類，讓報表的使用人能夠得知收入、費用究竟是來自營業活動或從事其他副業，以獲得更詳實的資訊。

收入

損益表的四大組成要素包括收入、費用、利得及損失。這四大要素加總的結果直接表達了該公司在特定期間的經營結果，也就是該公司在此一期間的獲利情形。

收入是指公司因執行主要的業務如銷售產品或提供服務，所產生的資產增加或負債減少的數目。比方說，悅陽公司銷售礦泉水100瓶，每瓶定價20元，則銷貨時應收帳款2,000元（100瓶×定價20元），會計分錄應借記應收帳款2,000元（資產增加）、貸記銷貨收入2,000元（收入增加）。

費用

公司為了賺取收入所造成的資產減少或負債增加的項目即為費用，例如公司為了製造產品所支付的原料成本、薪資、機器折舊費用、工廠租金等等。在上例中，悅陽公司雖然因為銷售礦泉水認列了收入銷貨2,000元，但由於出售商品也會產生成本（假設每瓶的成本為16元），根據會計當某項收益在某一會計期間認列時，與該收益相關的成本也必須在同一會計期間認列的「配合原則」，悅陽公司也應該同時記錄費用1,600元（100瓶×成本16元）的發生，分錄為借記銷貨成本1,600元（費用增加），貸記存貨—礦泉水1,600元（資產減少）。

利得

有時公司會因為一些非主要的業務而產生資產增加或負債減少的項目，就是利得。包括投資利益、利息收入、處分資產收入等。例如：華夏建設公司買賣股票獲利，由於買賣股票並不是建設公司的主要業務，因此獲利是公司的利得，而非收入。若該公司以100,000元買入股票、以120,000元賣出，則投資利得為20,000元（股票售價120,000元－買價100,000元），賣出時應借記現金120,000元（資產增加），貸記股票100,000元（資產減少）及貸記投資利得20,000元（收入增加）。

損失

損失與費用的關係就如同利得與收益的關係一樣，是指非因主要業務所產生的資產減少或負債增加的項目，包括投資損失、利息費用、處分資產損失等。例如上述華夏建設公司買賣

股票賠錢的話，則認列為損失，而非費用。若華夏公司以100,000元買入的股票以80,000元賣出，則賣出時賠了20,000元（股票買價10,000元－售價80,000元），會計分錄應借記現金80,000元（資產增加），借記投資損失20,000元（費用增加）及貸記股票100,000元（資產減少）。

製作損益表

在一個會計期間中，公司應將期中發生的每一筆會使收入、費用、利得或損失產生變動的交易進行分錄，並定期將日常分錄過帳至分類帳，期末時應視需求調整分錄，確定借貸平衡後便可將各項科目餘額記入損益表，損益表也就完成了。

損益表的四大組成要素

以大利公司96年度的損益表為例：

大利股份有限公司
損益表
96年1月1日至12月31日

收入類
來自公司主要業務的收入

銷貨收入		$5,600,000
銷貨成本		(3,400,000)
銷貨毛利		$2,200,000

費用類
為賺取公司主要業務的收入所支出的費用

營業費用		
管理費用	(200,000)	
銷售費用	(50,000)	
研發費用	(50,000)	(300,000)
營業純益		$1,900,000

利得類
來自非公司主要業務的收入

營業外收入及利得		
投資收入	$200,000	
股利收入	600,000	$800,000

損失類
因非公司主要業務產生的費用

營業外費用及損失		
利息費用		(60,000)
所得稅費用		(40,000)
淨利		$2,600,000

損益表的表達格式及內容

損益表表達公司一特定期間的經營結果，沒有一定格式，公司可能因應不同的使用需求、注意重點而選用合適的格式。目前企業所使用的損益表格式可以分為兩種：單站式與多站式。

單站式與多站式

「單站式損益表」將所有的收入科目及費用科目分別加總起來，相減後即可以算出本期損益。例如四季公司今年所有損益科目為銷貨收入500,000元、利息收入30,000元、銷貨成本200,000元、營業費用50,000元、所得稅費用10,000元，則單站式損益表在表達時僅列出收入總計530,000元（500,000元＋30,000元）、費用總計260,000元（200,000元＋50,000元＋10,000元）及本期淨利270,000元（530,000元－260,000元），而不再將收入及費用按其性質細分不同項目。

單站式損益表只會列出收入項目以及費用項目，相減後就直接可以得出本期淨利。相對地，「多站式損益表」將損益表中的收入與費用項目進一步分類為銷貨毛利、營業費用、營業利益、營業外收入、營業外費用等，透過分類計算以了解公司各種不同性質的收入及費用的金額，資訊的使用者可以從中獲得更多的資訊。上例中四季公司的多站式損益表將分別列出銷貨毛利300,000元（銷貨收入500,000元－銷貨成本200,000元）、營業費用50,000元、營業外的利息收入30,000元、所得稅費用10,000元及本期淨利270,000元，而不只是直接列出收入項目總合、費用項目總合及本期淨利。

多站式損益表的優點

由於多站式損益表做了較多的分類與計算，提供的資訊也較單站式損益表來得完整，因此目前一般公司的年報都是採用多站式損益表。多站式損益表有兩項優點：

◆ 表達了銷貨毛利：多站式損益表藉由銷貨收入及銷貨成本的相減而得出銷貨毛利，由於銷貨毛利代表公司產品的獲利能力，因此可做為判斷公司產品競爭力高低的一項指標。

◆ 區分了主業與業外：多站式損益表將公司的收入及費用分為營業收益及費用，與營業外收入及費用。營業收益及費用指的是公司主要營業活動相關的收入及費用，而營業外收入及費用就是由非主要業務所產生的利得與損失。藉由這樣的分類，資訊的使用者就可以知道公司的收入及費用是來自公司主要的業務或業外。

損益表其他重要內容

損益表中的數字是公司在會計期間中發生的各項交易所產生的損益科目餘額的加總。然而這些事項中有些並不會常態發生，例如地震所產生的損失；也就是有些事項可能只發生在當期，下一個會計期間並不會發生，或發生的可能性不大。如果不將這些非常態發生事項在損益表中與常態發生事項分別列示，則可能會影響報表使用者對公司財務狀況的判斷。因此，損益表應將這些不是常態發生的事項所產生的影響分別列示，說明如下：

非常態交易或事項❶：停業部門損益

公司如果在會計期間中處分一個部門，可想見這項停業處分對公司未來的損益數字影響必然非常大。如果這是一個非常會賺錢的部門，則公司未來的盈餘就可能會大幅滑落；反之，如果是一個虧錢的部門，則公司未來的盈餘就可能上揚。為助於判斷，損益表應將停業部門的損益與常態發生的損益分別列示。

非常態交易或事項❷：非常損益

在公司的運作中，有時會出現性質特殊、不常發生的收入或費用，稱為「非常損益」。性質特殊是指該交易或事項與公司正常活動明顯不同；不常發生則是無法合理預期該交易或事項在將來何時會發生。

這一類無法預期發生、無法被控制且影響金額龐大的「非常損益」事項也應在損益表中分開列示，否則會對公司經營績效及未來盈餘的評估造成影響。例如吉利公司當期因地震損失了1,000,000元的機器設備，但無法預期這樣的損失在未來會重複發生，因此屬於非常損益項目，應在損益表中分別列示。

非常態交易或事項❸：會計原則變動累積的影響

公認的會計原則中，有一項是公司財務資訊應保持一致性，即同一家公司前後不同會計期間的會計資訊應該採取相同的會計原則、方法或程序，讓不同期間的資訊也得以在相同的基礎下相互比較，以增加使用的便利及資訊的品質。然而，隨著經濟環境的變遷，公司有時會採用不同的會計方法，以期能更公正表達公司的財務狀況。因此，為了讓會計資訊維持一致以供前後期相比較，當公司改變會計方法時，也應該將因改變會計方法對損益產生的影響分別表示出來。

單站式損益表vs.多站式損益表

以大東公司96年度的損益表為例：

大東股份有限公司
單站式損益表
96年1月1日至12月31日

收入

在單站式損益表中列出收入科目為所有細項的加總，並未區分來源為本業或業外

收入：	
銷貨收入	$5,600,000
投資收入	200,000
股利收入	600,000
收入合計	$6,400,000

費用

同樣地，列出的費用科目為所有細項的加總，未再區分來自本業及業外費用

費用：	
銷貨成本	$3,400,000
管理費用	200,000
銷售費用	50,000
研發費用	50,000
利息費用	60,000
所得稅	40,000
費用合計	$3,800,000
繼續營業部門損益	$2,600,000
停業部門損益	(500,000)
非常損益	(50,000)
會計原則變動累計影響數	(50,000)
淨利	$2,000,000

非常態交易或事項

即非常態發生，或發生可能性不大的交易或事項

收入總和$6,400,000－費用總和$3,800,000＋非常態交易或事項損益(−$600,000)

淨利

淨利＝收入總和－費用總和＋非常態交易或事項損益，也就是公司在這個會計期間所賺取的金額

停業部門損益(−$500,000)＋非常損益(−$50,000)＋會計原則變動累積影響數(−$50,000)

單站式損益表彙總公司在某一段期間內所有的收入與費用，使用者可以快速得知該段期間的經營成果，但無法更進一步了解損益來源。

大東股份有限公司
多站式損益表
96年1月1日至12月31日

銷貨毛利

銷貨收入減去銷貨成本為銷貨毛利，是評估企業經營本業的獲利能力基本指標

銷貨收入		$5,600,000
銷貨成本		(3,400,000)
銷貨毛利		$2,200,000

銷貨收入$5,600,000－銷貨成本$3,400,000

營業純益

銷貨毛利減去營業費用為營業純益，為企業經營本業的獲利表現

營業費用		
管理費用	(200,000)	
行銷費用	(50,000)	
研發費用	(50,000)	(300,000)
營業純益		$1,900,000

銷貨毛利$2,200,000－營業費用$300,000

停業部門損益

於會計期中停業的部門，其損益應與繼續營業部門分開列示

營業外收入及利得		
投資收入	$200,000	
股利收入	600,000	$800,000

非常損益

與企業平日業務活動明顯不同且不常發生的事項或交易，如災害損失

營業外費用及損失		
利息費用		(60,000)
所得稅費用		(40,000)
繼續營業部門損益		$2,600,000

會計原則變動影響數

公司改變所使用的會計原則時，必須計算自開始採用新會計原則後累積的影響

停業部門損益	(500,000)
非常損益	(50,000)
會計原則變動累計影響數	(50,000)
淨利	$2,000,000

總收入（銷貨毛利$2,200,000＋營業外收入及利得$800,000）－總支出（營業費用$300,000＋營業外費用及損失$60,000＋所得稅費用$40,000）＋非常態交易或事項損益(-$600,000)

淨利

淨利＝收入總和－費用總和＋非常態交易或事項損益
　　　＝（銷貨毛利＋營業外收入及利得）－（營業費用＋營業外費用及損失＋所得稅費用）－非常態交易或事項損益

停業部門損益(-$500,000)＋非常損益(-$50,000)＋會計原則變動累積影響數(-$50,000)

多站式損益表將收入與費用細分為營業活動所帶來的收入、費用，以及營業外收入、費用；使用者可從每一個分類項目中看出公司實際運作時所產生的各項收入與費用，進而了解公司本業經營能力是否值得信賴。

業主權益變動表

業主權益變動表表達業主權益在某一會計期間增減、變動的情形。使用者可以藉由解讀報表了解股東權益增加或減少的原因、公司盈餘與股利的分配情形，以判斷公司值不值得投資。

業主權益
變動表的
格式

由於業主權益變動表表達的是公司一特定期間業主權益的變化，屬於動態報表，所以表頭所書明的是一段期間，而我國規定公司本年度盈餘的分派需要等到明年公司股東會通過才可以執行，因此業主權益變動表的時間橫跨兩個年度，以求清楚表達公司盈餘與股利的分配情形。

在格式上，業主權益變動表會將與股東權益相關的項目分欄列出，包括了股東購買股票而投入的「股本」、各種來源的「資本公積」（例如股票發行溢價、資產重估、捐贈）、歷年淨利扣除分配股利後所累積的「保留盈餘」（包括指撥法定保留盈餘〔即法定不得分配的盈餘公積〕、未指撥保留盈餘）、及「庫藏股票」等。在報表的左方則列出在當期中發生、會使股東權益的各項目產生變化的相關交易。

例如公司在期中分派盈餘，分別是提撥法定保留盈餘200,000元，以及發放現金股利500,000元。由於提撥法定保留盈餘時會使股東權益項目中的法定公積增加200,000元、同時使保留盈餘減少200,000元；發放現金股利則是會讓未分配盈餘減少500,000元，因此這些變化都需要在表中表達出來。（參見右圖）

庫藏股的
影響

需再補充說明的是，在股東權益的相關項目中，除了一般常見的股本、資本公積、保留盈餘外，還有一個重要的影響項目「庫藏股票」。由於購買庫藏股票意味著公司從公開市場上買回自己的股票、而且並未再賣出或註銷，股東權益也會因此而減少。相反地，若是出售庫藏股，則會使股東權益增加。

一般來說，公司買回庫藏股的目的不外乎是希望藉此增加公司股票在公開市場的流通性，讓股價可隨交易量提升而有一定的股價水準；此外，公司買回庫藏股後形同公司流通在外的股數減少了，因而對公司股價形成支撐作用。不過，買回公司自己的股票，代表公司減少資本，股東對公司所負的責任也隨之縮減，這對債權人的權益可能造成傷害；而買回庫藏股所需的資金，也可能影響公司營運資金的調度。

以大東公司97年及96年度的的業主權益變動表為例：

大東股份有限公司
業主權益變動表
97年及96年1月1日至12月31日

| | 資本公積 | | 保留盈餘 | | | |
	普通股本	股票發行溢價	資產重估	法定公積	未分配盈餘	庫藏股票	合計
96年1月1日	$6,000,000	$600,000	$200,000	$500,000	$900,000	$(1,000,000)	$7,200,000
分配盈餘(95年)							
法定保留盈餘				300,000	(300,000)		0
現金股利					(1,000,000)		(1,000,000)
本期淨利(96年)					2,000,000		2,000,000
96年12月31日	$6,000,000	$600,000	$200,000	$800,000	$1,600,000	$(1,000,000)	$8,200,000
出售庫藏股票						600,000	600,000
分配盈餘(96年)							
法定保留盈餘				200,000	(200,000)		0
現金股利					(500,000)		(500,000)
本期淨利(97年)					800,000		800,000
97年12月31日	$6,000,000	$600,000	$200,000	$1,000,000	$1,700,000	$(400,000)	$9,100,000

資本公積
為企業非營業活動所得的收入

股票發行溢價
股票以超過面額的價格發行時，超過面額的部分

普通股本
普通股股東所投資的金額

資產重估
重新估計公司資產的價值

97年度期末餘額
公司業主權益的期初餘額加上本期的損益，再扣除分配給股東的盈餘，得出的就是期末餘額

保留盈餘
企業的歷年淨利扣除股利後所累積的盈餘

未分配盈餘
依法可分配給股東，但尚未分配的盈餘

庫藏股票
公司買回自己的股票

法定公積
公司法規定每年必須提列本期淨利中提列10%供公司營運使用，稱為法定公積

97年度期初餘額
大東公司97年度期初餘額即為96年度期末餘額$8,200,000

法定保留盈餘
大東股份有限公司上期淨利$2,000,000，法定公積為$200,000（上期淨利$2,000,000 ×10%）

C6 Chapter. 資產負債表及現金流量表

四大財務報表中，資產負債表表達的是公司的資產、負債以及業主權益，使用者可依據資產、債務的多寡、股東的權益來判斷公司財務狀況，而現金流量表表達的是現金的來源及去向，可讓使用者了解公司財務狀況變動的原因，這兩種報表補強了損益表及業主權益變動表所無法完全傳達的內容。要周全、準確地判斷公司的經營績效和財務狀況，四大報表必須互相參照、比較，才能面面俱到。

● 資產負債表與會計方程式的關係

● 資產負債表有什麼功能？

● 資產負債表包含了哪些內容？

● 如何編製資產負債表？

● 現金流量表代表什麼意義？

● 公司使用的會計政策在報表裡如何表達？

● 報表製成後、提出前，若公司發生重大事
  項該怎麼處理？

資產負債表的意義及功能

損益表表達的是公司在某段期間收入減去費用後的獲利狀況及經營績效，並無法表達公司整體的財務結構健全與否，而透過對資產負債表的分析，即可了解公司在任一時間點的財務狀況及財務結構，並藉以評估公司所面臨的經營風險。

資產負債表的內容　　資產負債表的內容包括了資產、負債及業主權益三部分，表達公司在某一特定日期總計的財務狀況。這三個部分其實也就是會計方程式中的三項組成要素，資產負債表中所有資產科目餘額的加總，必須等於負債科目及業主權益科目餘額的加總，相當於會計方程式「資產＝負債＋業主權益」的一種表現。

資產負債表的功能　　透過資產負債表的分析，可以對公司的財務結構、償債能力及經營效率有較深入的了解，分述如下：

◆透視財務結構：資產負債表中提供了公司各個資產、負債及業主權益科目的餘額，由於會計方程式中「資產＝負債＋業主權益」，分析這些科目所占的比例即可得知公司的財務結構。負債與業主權益的關係最好維持平衡，若負債多、業主權益少，則表示公司經營風險較高；負債少、業主權益多，則表示公司多以自有資金經營而非舉債經營，因此較為保守。另外由於公司每年的淨利（或淨損）均會計入業主權益項下的保留盈餘，當公司長年虧損時，保留盈餘就有可能變成負數、甚至導致業主權益也成為負數，在此狀況下，公司的負債就會大於資產，公司極可能倒閉而遭受清算。

◆衡量償債能力：償債能力的高低直接關係到公司倒帳的風險及公司舉債的成本，償債能力高的公司較不容易倒帳，借款時的支出成本也較低。償債能力的高低一般可以由觀察公司資產的變現能力得知，容易變現的資產如現金愈多，公司的償債能力愈高；反之，不易變現的資產如機器設備較多，則償債能力較差。若現金及應收帳款餘額占某家公司資產的大部分，且在短期內又沒有到期的負債，則該公司短期的償債能力應無問題；反之，如果幾乎沒有現金或應收帳款等可短期變現用以償債的資產，且近期內又有大筆負債到期，則發生倒帳的風險就較大。

◆了解經營效率：公司經營的目的就是用資源創造利潤，能以愈少資源創造出愈大利潤的公司代表經營效率愈好。因此，在資產負債表中呈現股本小、獲利高的公司經營效率較佳。比方說，用兩家公司當期的損益除以公司的資產或是股東權益，得出「資產報酬率」或「股東權益報酬率」，數字較大就代表公司用較少的資源創造出較大的利潤，亦即具有較好的經營效率。

資產負債表的功能

功能1 透視財務結構 表達公司的財務結構，即資產、負債及業主權益科目所占的比例。

資產＝負債＋業主權益

| 資產 | 負債 |
| | 業主權益 |

負債少、業主權益多
➡公司經營保守

| 資產 | 負債 |
| | 業主權益 |

負債多、業主權益少
➡公司經營風險較高

| 資產 | 負債 |
| | 業主權益 |

業主權益已呈現負數

負債＞資產
➡公司負債經營、瀕臨破產

功能2 分析償債能力 呈現出公司的流動資產與流動負債餘額，可藉兩者的高低評估公司的償債能力是否健全。

公司的流動資產＞流動負債 ➡公司的短期償債能力不錯
公司的流動資產＜流動負債 ➡償債能力不佳，可能會週轉不靈

功能3 評估經營效率 可藉由「資產報酬率」或「股東權益報酬率」（當期損益÷資產或業主權益）的大小來評估公司是否能以愈少的資源創造出愈大的利潤。

「資產報酬率」或「股東權益報酬率」＞同業平均標準 ➡公司經營效率佳
「資產報酬率」或「股東權益報酬率」＜同業平均標準 ➡公司經營效率差

資產負債表的限制

雖然資產負債表能夠讓資訊的使用者更深入地了解公司的經營效率及償債能力，但資產負債表也因為並非以當時的公平價值表達、以及必須以貨幣評價等不夠客觀的因素而有一些使用上的限制。

非以當時實際價值表達

　　資產負債表內的大部分科目例如存貨、固定資產等，均不是按照目前的市場公平價值表達，而是依據會計原則來計算價值，因此會造成科目餘額無法表達出目前真正價值的情形。比方說，公司大多以「成本與市價孰低法」來評估存貨價值，也就是只有當存貨的成本高於目前市價時，公司才認列損失而調整帳面成本。但假使存貨的成本低於目前市價，則公司並不認列為收入，因此造成帳面存貨成本被高估的狀況。又例如，公司購入固定資產是按照購入時的成本入帳，之後則定期攤銷其折舊費用，然而，經過數期折舊費用的攤提後，扣除折舊費用後的帳面成本並不一定等於當時該固定資產在市場上的價值。

不能表達無法以貨幣計算的價值

　　如同其他財務報表，資產負債表的表達也必須遵守貨幣評價慣例，也就是公司會計科目入帳均以貨幣為其衡量的標準，因此，不能以貨幣衡量其價值、卻對公司經營有重大影響的事項，例如員工的士氣、管理階層的效率、公司的社會形象等等，在會計帳上就無法表達。如此一來，有些能為公司帶來經濟效益、卻無法用貨幣衡量的資產就無法表現在資產負債表上，使用者也就難以評斷公司真正的價值。例如，相同產業的兩家公司所有資產負債科目餘額相同，但一家公司的聲譽卓著、公司形象佳，另一公司卻名聲不佳，顯然兩家公司社會形象價值不同，但從報表上卻無法分辨出來。

部分科目按估計入帳

　　資產負債科目中，有些科目需要事先預估認列，依據會計人員的判斷及過往的經驗來估計入帳，例如：固定資產的使用年限及殘值、應收帳款的壞帳費用、產品保證服務費用等等。由於是預估，且不同會計人員主觀的估計數值可能有所差異，因而影響報表數值的客觀性。

資產負債表的使用限制

限制 1 非以實際公平價值表達

資產負債表中大部分的資產、負債科目，必須依據會計原則估計價值，然此做法所計算的價值可能會與實際的市場交易價值有出入。

例 大華公司土地以十年前購入成本 $100,000,000入帳，與現在該土地的公平價值$500,000,000有差距。

限制 2 只能表達可量化的經濟資源

所有科目必須以貨幣評價，但是諸如公司形象、員工士氣等經濟資源並無法以貨幣衡量，因此無法入帳。

例 A公司的員工士氣高昂，B公司卻人心渙散，但從報表上卻無法分辨。

限制 3 有些科目無法客觀評估

由於部分科目必須按估計入帳，因為是會計人員的主觀認定，以及從過往經驗中所得的預估值，因此會影響某些項目如訴訟賠償金、壞帳費用的價值評估。

例 美晶電子被控侵權案正在審理中，敗訴可能性極高，訴訟賠償金尚未確定，會計人員僅能以主觀認定合理的預估金額入帳。

美晶電子損益表 訴訟損失 $100,000 ≠ 實際訴訟賠償 賠償$200,000！

資產負債表有哪些格式

資產負債表的格式並無一定之限制，原則是要簡單易懂，在第33頁中，小明在紙上記錄早餐車公司財務狀況的表現也是資產負債表的一種表現方式。一般較常用的格式有三種：帳戶式、財務狀況式及報告式。

帳戶式資產負債表　　帳戶式是指將資產科目放在報表左邊、負債及業主權益科目放在報表右邊的報表，並依照科目性質將相關項目列於其下，例如資產科目下，包括了流動資產、固定資產、無形資產、其他資產；負債科目有流動負債、長期負債、其他負債；業主權益包括股本、資本公積、保留盈餘等。因為帳戶式報表表達清楚，且其格式表達亦符合會計方程式「資產＝負債＋業主權益」的精神，目前上市公司的財務報表均採用帳戶式資產負債表。

帳戶式資產負債表

美晶股份有限公司
資產負債表
96年12月31日（仟元）

資　　產			負　　債		
流動資產：			流動負債：		
現金	$100,000		應付帳款	$300,000	
應收帳款	200,000		應付費用	100,000	$400,000
存貨	400,000	$700,000	長期負債：		
固定資產：			應付公司債		200,000
機器設備	$500,000		負債總計		$600,000
累積折舊	(200,000)	300,000			
無形資產：			股東權益		
專利權		200,000	股本		$400,000
			資本公積		100,000
			保留盈餘		100,000
			股東權益總計		$600,000
資產總計		$1,200,000	負債及股東權益總計		$1,200,000

資產＝負債＋業主權益
依據會計方程式的原則，資產＝負債＋業主權益，因此左右兩邊的數字一定會相等。

財務狀況
式資產負
債表

相較於帳戶式資產負債表以科目來分類，財務狀況式的資產負債表更強調要表達出公司在短期內即一年或一個營業週期內可轉換成現金、靈活支用的「營運資金」，因此，在代表短期內能兌現的「流動資產」下，列出代表短期內需償還的「流動負債」項目，計算兩者相減後得出的營運資金餘額，供使用者參考。報表的使用者可以依據營運資金的大小來判斷公司短期的償債能力及營運所需的資金是否充裕，因此是一項重要的參考數值。

報告式資
產負債表

報告式的資產負債表內容與帳戶式相似，最大的不同在於帳戶式是將資產科目放在報表左邊、負債及業主權益科目放在報表右邊，而報告式將資產、負債及業主權益科目按垂直的順序排列，不分左右邊，除此之外，內容並無差別。

財務狀況式資產負債表

美晶股份有限公司
資產負債表
96年12月31日（仟元）

流動資產：		
現金	$100,000	
應收帳款	200,000	
存貨	400,000	$700,000
減：流動負債：		
應付帳款	$300,000	
應付費用	100,000	(400,000)
營運資金		$300,000
加：非流動資產：	流動資產$700,000－流動負債$400,000	
固定資產：		
機器設備	$500,000	
累積折舊	(200,000)	300,000
無形資產：		
專利權		200,000
減：長期負債：		
應付公司債		(200,000)
資產負債總計		$600,000
股東權益		
股本		$400,000
資本公積		100,000
保留盈餘		100,000
股東權益總計		$600,000

營運資金
流動資產減去流動負債即為營運資金，使用者可由營運資金的多寡來判斷公司的短期資金是否足夠。

什麼是現金流量表

除了從資產負債表了解整體的財務體質、從損益表了解在某一段期間各項收入與費用的經營表現，以及從業主權益變動表中了解業主權益的變動情形外，由於公司所有的經濟活動最終都與現金相關，因此還必須參照現金流量表來得知現金的來源及流向，以掌握財務變動的實際原因。

現金流量表的意義

現金流量表彙總公司在一段期間內現金流入及流出的情形，藉以表達公司在該期間內的營業活動、投資活動以及融資活動的現金流量。企業所有的活動都必須以會計科目來記錄、表達，每一項科目的金額變動則與現金的流入或流出息息相關，例如公司今年用現金購買了5,000,000元的機器設備，這項交易是屬於投資活動，會使公司的固定資產餘額增加5,000,000元，現金餘額減少5,000,000元。若想知道公司會計科目餘額變動的原因，在現金流量表「投資活動的現金流量」項下可以觀察到公司因購買固定資產而造成現金流出5,000,000元。所以，只要將現金流入及流出的情形彙總起來，就可以知道公司在營業、投資及融資上進行了哪些交易，以及對公司財務造成的影響。

現金流量表的重要性

四大報表若單獨看，容易偏於一隅而無法得知企業經營活動與成果的全貌，例如，單看損益表，僅能得知公司當期的獲利情形，而無法掌握公司整體的財務結構；單看資產負債表，僅能得知公司財務結構—資產、負債、業主權益的變化，而無法了解造成結構變動的原因；單看業主權益變動表，僅能得知股東權益的變動情形，而無法掌握變動原因以及股東權益以外科目的變化。由於所有會計科目餘額的變動最終都與現金有關，因此藉由現金流量表與其他三大報表的相互比對、配合運用，報表使用者就能了解公司財務狀況變動的原因、公司獲利來源、償債能力等等，以全面性地掌握公司經營活動與成果。

比方說，損益表中表現連年獲利的允坦公司在資產負債表中亦呈現應收帳款增加的情形，卻因為來自營業活動的現金流量逐年遞減而導致現金不足以償債，最後陷入財務困境。這是因為實際上，允坦公司在損益表中呈現獲利的「本期淨利」是以「應計」為基礎，即只要銷貨便認列銷貨收入，而不是收到現金時才認列，所以資產負債表中的應收帳款也因而增加。然而，只要檢視現金流量表，便會發現允坦公司收到的現金比當

期所認列的銷貨收入來得少。因此，單看損益表無法解釋資產負債表的現金餘額變化，還必需參考現金流量表，才能勾勒出企業經營活動與成果的全貌。

現金流量表的內容

現金流量表

讓使用人了解現金從哪裡產生，以及花到哪裡去。

內容 **1**

營業活動的現金流量

是指與公司賺錢（或賠錢）有關的活動所產生的現金流入與流出。

例如 從客戶那裡收到的現金，以及花費在薪資、存貨、租金…等項目的現金。

實例

大力公司當期營業活動中收取應收票據及帳款$2,000、支付應付帳款$400

呈現方式

營業資產及負債變動

應收票據及帳款	2,000
其他應收款	10
存貨	(300)
預付款項	80
應收遠匯款	90
其他流動資產	(10)
應付帳款	**(400)**
應付費用	(40)
其他流動負債	10
應計退休金負債	7

內容 **2**

投資活動的現金流量

是指與公司長期投資、固定資產有關的活動所產生的現金流入與流出。

例如 公司購入資產（如廠房、設備）所花費的現金、出售資產所得到的現金、用來投資其他公司股票的現金。

實例

大力公司當期在投資活動中以現金支出購買固定資產$9,000

呈現方式

投資活動的現金流量

短期投資增加	(400)
質押定期存單減少	500
長期投資增加	(800)
處分長期投資價款	60
購置固定資產	**(9,000)**
處份固定資產價款	3
存出保證金增加	(700)

內容 **3**

融資活動的現金流量

是指與公司發行股票以及公司債有關的活動所產生的現金流入與流出。

例如 公司發行股票所收到的現金、發放股利給股東所流出的現金、償還貸款所支出的現金。

實例

大力公司當期在融資活動中以現金償還長期借款$2,000

呈現方式

融資活動的現金流量

短期借款（減少）增加	(500)
應付短期票券增加	
應付可轉換公司債舉借	5,000
償還應付可轉換公司債	(10)
舉借長期借款	3,000
償還長期借款	**(2,000)**

現金流量表的編製方式

四大報表中,以現金流量表的編製最為複雜;不同於其他報表只要在會計循環末了依據分類帳的餘額即可製成(參見102至105頁);現金流量表必須對每一項目裡實際收到或支出的現金逐一增減、調整,例如加回折舊、攤銷等非現金費用,減去應收帳款等尚未收到的收入。

現金與會計方程式

「資產=負債+業主權益」的會計方程式中,資產包括了現金以及非現金資產如廠房、土地、存貨等,也就是說,現金的增減加上非現金資產的增減,等於負債的增減加上業主權益的增減。因此,透過分析非現金資產、負債與業主權益科目餘額的變化,可以推算出現金餘額的增減。這也是編製現金流量表的主要原則。

在編製現金流量表時,非現金資產科目餘額的增加,可以想做「公司用現金購買的資產」,因此是現金流出;從另一個角度來看,負債及股東權益科目餘額增加,可以想做「公司向外借錢或增資」,因此是現金流入;反之亦同。

營業活動的現金流量

現金流量表表達的是企業在某一段特定期間因營業活動、投資活動及融資活動所產生的現金流入及流出。編製現金流量表有兩種方法:直接法及間接法。兩者的差異在於營業活動現金流量的計算方式,而在投資活動及融資活動現金流量的計算上並無不同。直接法是用公司實際的現金流入與流出來編製,也就是將在營業活動中各種收取現金或支付現金所記錄的餘額直接列示在現金流量表之中。例如大甲公司今年度因銷貨收到的現金是1,000,000元、以現金支付供應商500,000元,則在現金流量表的營業活動項下直接列出銷貨收現1,000,000元、支付供應商500,000元。

不同於直接法,以間接法計算營業活動的現金流量時,並不直接將收現或付現數列於報表上,而是由損益表中的當期淨利調整而成。由於損益表中所認列的損益金額是採「應計基礎」,即交易發生時認列收入或費用,而非在實際收取或支付現金時才認列的「現金基礎」,因此會造成損益金額和現金流量之間的差異。若採用間接法編製現金流量表,即需調整不會實際收取或支付現金而使現金餘額有所變動的收入及費用項目。

若上例中的大甲公司採間接法,且當年度營業淨利中的銷

貨收入總計800,000元，資產負債表中應收帳款上期餘額是300,000元、本期餘額是100,000元。要計算該年度營業活動的現金流量，應先列出營業淨利中的銷貨收入800,000元，接著再調整因收取應收帳款造成的現金增加數200,000元（上期餘額300,000元－本期餘額100,000元），結果與營業活動相關的現金流入為1,000,000元（800,000元＋200,000元），無論採直接法或間接法，所得的現金流入（出）皆相同。由於間接法能觀察出本期損益與現金流量變化的關係，在實務上目前一般採用的是間接法。

投資活動的現金流量

　　一般而言，投資活動的現金流入包括出售固定資產如廠房設備、投資其他公司股票或公司債……等活動所得的價款；投資活動的現金流出包括購入固定資產、出售投資標的、貸款給他人……等活動所耗費的金額。只要加總所有的現金流入金額，再減去所有的現金流出金額，即可得出投資活動的現金流量。

融資活動的現金流量

　　現金流量表的第三部分表現的是融資活動的現金流量，其中現金流入包括舉債、發行新股增資、出售庫藏股……等活動所得的價款；相對地，償債、支付現金股利、購買庫藏股……等活動所支付的金額即為融資活動的現金流出。加總融資活動的現金流入金額，再減去現金流出金額，即可得出融資活動的現金流量。最後再將營業活動、投資活動及融資活動的現金流量加總，即可得出本期現金流量增加（或減少）的金額。

不影響現金流量的經濟活動亦需揭露

　　企業三大活動產生的現金流入及流出都會被列示在現金流量表中，然而，雖然企業大部分的經濟活動都與現金的流入或流出產生關係，但還是有些交易或事項並不影響現金流量，例如：股價大漲時，公司債持有人將公司債轉換為普通股、公司發行股票換取固定資產、特別股轉換成普通股等等。這些活動過程並不會產生現金實際的流入或流出，所以不影響現金流量，不過由於這些交易事項仍可能會影響報表使用者對企業經營及財務狀況的判斷，因此，在報表上還是應該補充揭露該資訊，一般而言可以揭露在報表的最後一部分。

以間接法編製現金流量表

實例 從損益表得知大吉公司96年淨利為$1,000，以下以大吉公司的資產負債表說明製作現金流量表的過程。

大吉公司
資產負債表
96年及95年12月31日（仟元）

資產：	96年	95年	負債及股東權益：	96年	95年
現金	$9,000	$3,000	應付帳款	$5,000	$4,000
應收帳款	3,000	6,000	應付薪資	3,000	1,000
存貨	6,000	5,000	公司債	30,000	0
固定資產	55,000	20,000	股本	25,000	25,000
累計折舊	（5,000）	（0）	保留盈餘	5,000	4,000
	$68,000	$34,000		$68,000	$34,000

Step 1　調整營業活動的現金流量

加 非現金費用（如折舊、攤銷）
　實例 大吉公司應加回折舊$5,000（96年累計折舊$5,000－95年累計折舊$0）

加 非現金流動資產（如應收票據、應收帳款、存貨）的減少；或
減 非現金流動資產的增加
　實例 大吉公司應加回應收帳款減少$3,000（95年應收帳款$6,000－96年應收帳款$3,000）
　減存貨增加$1,000（96年存貨$6,000－95年存貨$5,000）

減 流動負債（如應付票據、應付帳款、應付費用）的減少；或
加 流動負債的增加
　實例 大吉公司應加回應付帳款增加$1,000（96年應付帳款$5,000－95年應收帳款$4,000）
　加應付薪資增加$2,000（96年應付薪資$3,000－95年應付薪資$1,000）

Step 2　調整投資活動的現金流量

加 本期出售固定資產所得價款；或
減 本期購買固定資產耗用金額
　實例 大吉公司應減購買固定資產耗用$35,000（96年固定資產$55,000－95年固定資產$20,000）

（接上頁）

Step 3　調整融資活動的現金流量

加 現金增資發行新股所得金額、借款 **實例** 大吉公司應加回發行公司債所得的$30,000（96年發行
或發行公司債所得金額、出售庫藏　　　　　公司債$30,000－95年發行公司債$0）
股所得金額；或
減 本期支付現金股利、償債、購買庫
藏股所得金額

大吉公司
現金流量表
96年及95年12月31日（仟元）

營業活動的現金流量：		
本期淨利		$1,000
調整項目：		
折舊費用	$5,000	
應收帳款減少	3,000	
存貨增加	(1,000)	
應付帳款增加	1,000	
應付薪資增加	$2,000	$10,000
營業活動的現金淨流入		$11,000
投資活動的現金流量：		
購買固定資產	($35,000)	
投資活動的現金淨流入		($35,000)
融資活動的現金流量：		
發行公司債	$30,000	
融資活動的現金淨流入		$30,000
本期現金增加數		$6,000
期初現金餘額		$3,000
期末現金餘額		$9,000

財務報表應傳達的其他事項

完整的財務報表除了包括公司該年度的經營數字外，也應該包括其他重要的會計資訊，例如公司所採用的會計政策、其他年度的財務數字或報表製成後發生的重大事項等等。

應揭露會計政策

　　會計政策是指編製財務報表所採用的會計方法、原則、程序等等。針對同樣的交易或事項，如果採用不同的方法、原則，可能會產生不同的結果，例如銷貨成本會因採用的評價方式是先進先出法、後進先出法，或是平均法而有所不同。以大全公司為例，其進價與銷售明細如下：

		數量	單價
1/1	期初存貨	100	5
1/10	進貨	20	8
1/20	出售	50	10

◆先進先出法：假設先進的貨品先銷售，即大全公司出售的50個單位都是先購入的存貨，也就是期初存貨，那麼銷貨成本為250元（50個×5元）。

◆後進先出法：假設後進的貨品先銷售，則出售的50個單位是從後來購入的存貨開始，銷貨成本為310元〔（20個×8元）＋（30個×5元）〕。

◆平均法：不論進貨的先後，而是以存貨的平均成本為銷貨成本，即在計算銷貨成本時，先計算出所有存貨的平均單價成本，再以銷售數量乘以平均單價。在大全公司的例子裡，其平均單價為5.5元〔（100個×5元）＋（20個×8元）÷（100個＋20個）〕，銷貨成本為275元（50個×5.5元）。

　　三種銷貨成本金額最高是採用後進先出法的310元，最低的是採用先進先出法的250元，假設大全公司當年度只有這些存貨的交易，則採用先進先出法的銷貨成本較後進後出法低60元（310元—250元），也就是當年度淨利會比採用後進先出法多60元。進一步說，當進貨成本愈來愈高時，採用先進先出法會比採用後進先出法更有獲利空間；反之，當進貨成本愈來愈低時，採用後進先出的獲利表現更佳。為了讓報表使用者能判斷公司採用的會計政策對報表的影響，公司應揭露所採用的會計政策為何。

提供比較式報表

　　如果財務報表只揭露當年度的財務資訊，就無法藉由不同年度的財務資訊的比較，觀察出公司經營狀況的趨勢，進而預測公司未來的營運狀況。例如A公司今年獲利1,000,000元、去年700,000元、前年300,000元；B公司今年獲利1,200,000元、去年1,500,000元、前年2,000,000元。若財務報表只揭露今年的數字，則B公司獲利較A公司好，應較具投資價值。但如果報表能完整揭露三年的財務資訊，則會發現A公司雖然今年獲利較小，但每年均穩定成長，相較於B公司今年獲利雖然較A公司多、但連年減少而言，A公司也許更具投資價值。因此，一般公司的年報至少都會揭露兩年的比較財務報表，部分項目甚至會揭露五年的資訊。

表達資產負債表製成以後的重大事項

　　資產負債表日（即製作資產負債表的基準日）至財務報表提出日之間所發生的重大事項，稱為「期後事項」。例如大東公司訂定12月31日為會計年度結束日，亦為資產負債表日，4月30日為報表提出日。3月1日公司發生火災造成重大損失，火災即屬於期後事項。期後事項雖然不在資產負債表日或之前發生，但如果不揭露其影響，可能會讓報表使用者誤判公司的財務狀況，所以應將其揭露。期後事項可以分為以下兩大類：

◆須調整財務報表數字的事項：是在資產負債表日或之前就已存在的事項，必須在財務報表提出前更正財報的數字，再行提出。例如大東公司的客戶在2月15日由於經營不善而宣告破產，導致大東公司有20,000,000元的應收帳款無法回收。該客戶的營運狀況在大東公司資產負債表日之前即已存在，如果大東公司在資產負債表日尚未將把這筆壞帳費用估計入帳，就應該在損失發生後立即調整財報數字將其入帳，且在4月30日提出的財務報表中記入此筆20,000,000元的壞帳損失。

◆僅須揭露或補充說明而不須調整財務報表的事項：是指導致該事項發生的狀況在資產負債表日或之前並不存在的期後事項，雖不須調整財務報表的數字，卻仍需加上補充說明、充分揭露。例如大東公司3月1日發生火災造成重大損失，由於在資產負債表日該公司尚未發生火災，當年度財務報表並未計入此次火災的損失。然而，火災的損失已嚴重影響公司的財務狀況，即使不調整財務報表的數字，也應該要將該火災事件的影響揭露出來或補充說明。

編製財務報表應揭露的三大事項

1. 揭露會計政策

若編製報表所採用的會計政策會計原則、方法、程序不同，帳面數字便有差異，因此公司應揭露所採用的會計政策。

例如 ➤

固定資產可以採用以下幾種方法計算折舊費用，不同方法對公司每期損益有影響不同（參見68頁）：
- 直線法：每年折舊金額皆相同
- 倍數餘額遞減法：前幾年折舊金額較後幾年高
- 年數合計法：亦為前幾年折舊金額較高

大力公司採用直線法計算每年折舊費用。

2. 做前後期比較

同時揭露二期以上的數字，好讓使用者能比較、判斷公司的經營狀況，以推測未來的趨勢。

例如 ➤

大利公司96年因應擴廠計畫而在當期大量購買機器設備

現金流出

現金流量表中的投資活動的現金流出大幅增加

揭露

同時揭露前期與當期現金流量表，使用者能從其判斷公司擴廠的決心

3. 補充期後事項

發生在會計年度結束日至報表提出日之間，且會影響公司財務狀況的重要事項，必須補充揭露於報表。

例如 ➤

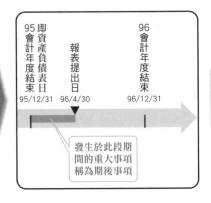

95 即 會資 計產 年負 度債 結表 束日	報 表 提 出 日	96 會 計 年 度 結 束
95/12/31	96/4/30	96/12/31

發生於此段期間的重大事項稱為期後事項

方式 表達

大力股份有限公司
財務報表附註
96年度

重要會計政策之彙總說明

固定資產

　　固定資產折舊係以直線法計提，主要耐用年數如下：房屋及建築物，三至二十年；機器設備，二至五年；研發設備，二至五年。耐用年數屆滿仍繼續使用之固定資產，則就其殘值按重行估計可使用年數繼續提列折舊。

方式 表達

大力股份有限公司
現金流量表
96年及95年1月1日至12月31日（仟元）

	96年度	95年度
投資活動之現金流量		
短期投資增加	（ $ 183,792 ）	（ $ 612,869 ）
質押定存單增加	（ 1,619,006 ）	（ 1,413,008 ）
長期投資增加	（ 633,086 ）	（ 602,436 ）
處分長期投資價款	473,682	195,608
購置固定資產	（ 15,543,523 ）	（ 114,551 ）
處分固定資產價款	30,187	7,411
存出保證金（增加）減少	（ 420 ）	4,566
遞延費用增加	（ 1,265,328 ）	（ 1,042,612 ）
其他資產增加	（ 1,979 ）	（ 5,847 ）

方式 表達

情況 1

導致事項發生的狀況在會計年度結束日之前就已存在，例如客戶破產或訴訟案件 ▶ **須調整財務報表數字**

情況 2

導致事項發生的狀況在會計年度結束日之前並不存在，例如工廠不幸發生火災 ▶ **不須調整財務報表數字，但須充分揭露**

Chapter 7 財務報表分析

單一財務報表提供的只是局部的數據，無法表達公司營運的全貌。因此，除了看懂個別報表所提供的資訊，更應進一步運用四大報表彼此間的關係互相對照、比較，得出有參考價值的比率或數字，如資產報酬率、存貨週轉率、利息保障倍數等，以精確地衡量一家公司的財務、業務及獲利狀況，並與其他同業評比，才能充分發揮報表的效能，進而做出正確的決策。

學 習 重 點

● 為什麼要分析財務報表？

● 看懂共同比財務報表及比較財務報表

● 根據財務報表評估公司的獲利能力

● 檢視公司的經營效率

● 分析公司的短期償債能力

● 透視公司的財務結構

● 財報分析有哪些限制？

財務報表要如何分析？

財務報表編製的目的在協助使用者做出正確的決策，因此，除了了解會計科目的意義以及財務報表的編製，更要靈活運用財務報表所提供的資訊，從中找出具有參考價值的判斷指標，才能全盤掌握公司的財務狀況。

分析財報的目的

　　財務報表提供了解企業經營績效及財務狀況所需要的基本資訊，例如可以從損益表上得知公司的銷貨淨額，或從資產負債表上得知公司負債的餘額。然而資訊使用者如果僅取得公司各科目的餘額，而不分析這些數字所代表的意義，對其做決策的過程幫助並不大。比方說僅知道大東公司今年銷貨淨額是5,000,000元，卻未分析5,000,000元是比前一年增加或減少，也未分析5,000,000元占當期淨利的比重，如此一來就很難判斷銷貨淨額5,000,000元究竟是不是好的表現。

　　另外，資訊的使用者眾多，包括公司的股東、企業的債權人及其他企業的關係人等等，不同的使用者可能有不同的使用目的，例如公司的股東或潛在投資人在意的可能是公司的獲利能力或股票的獲利率；公司的債權人則可能較重視公司還本付息的能力。因此，財務報表上的基本資訊並無法滿足各種使用人的需求，如果能進一步整理、分析財務報表上的數字，將更能達到幫助決策的目的。

縱向分析與橫向分析

　　一般而言，財務報表分析的方法可以分為兩大類：縱向分析與橫向分析，分述如下：

◆縱向分析：又稱為靜態分析，是對同一會計期間財務報表各項目間的關係加以分析。在上例中，將大東公司今年銷貨淨額5,000,000元與當期其他科目例如投資收益金額的大小做比較，就是一種縱向分析。

◆橫向分析：橫向分析指的是對兩期或兩期以上報表中相同之項目加以分析比較。在上例中，將大東公司今年銷貨淨額5,000,000元與去年的銷貨淨額數字相比就是一種橫向分析。如果再進一步分析數期的數字，就可以得出銷貨淨額變動的趨勢。

財務報表的分析方法

1. 縱向分析 將同一個會計期間內的財務報表各個項目數字做比較。

實例 幸運公司96年度損益表及資產負債表如下：

幸運公司 損益表 96年度（仟元）	
銷貨淨額	3,000
銷貨成本	2,000
銷貨毛利	1,000

幸運公司 資產負債表 96年度（仟元）	
流動資產	
現金	1,000
應收帳款	300
存貨	2,000

金額的比較

例如 幸運公司96年度損益表中的銷貨成本$2,000，較銷貨毛利$1,000高出$1,000。

百分比比較

例如 幸運公司96年度的銷貨毛利$1,000占銷貨淨額$3,000的33%，表示每賣出$100存貨可得$33毛利。

比率分析

例如 將銷貨淨額$3,000除以平均應收帳款$300所得的比率為10，表示每銷售$10就會產生$1的應收帳款。

2. 橫向分析 比較兩期以上財務報表的數字，得出歷年的變化情形。

實例 幸運公司95、96年度損益表及資產負債表如下：

幸運公司 損益表	96年	95年（仟元）
銷貨淨額	3,000	4,000
銷貨成本	2,000	2,000
銷貨毛利	1,000	2,000

幸運公司 資產負債表	96年	95年（仟元）
流動資產		
現金	1,000	1,000
應收帳款	300	250
存貨	2,000	1,500

金額的比較

例如 96年度的銷貨淨額$3,000與銷貨毛利$1,000，較95年度的銷貨淨額$4,000、銷貨毛利$2,000來得少，銷貨成本仍維持不變，而應收帳款卻增加了$50（96年應收帳款$300－95年$250）。

百分比比較

例如 96年度應收帳款$300占銷貨淨額$3,000的10%，相較於95年度應收帳款$250占銷貨淨額$4,000的6.25%，高出了3.75%，表示尚未取得的帳款增加了。

比率分析

例如 96年度縱向分析得知每銷售$10會產生$1的應收帳款，相較於95年每銷售$16才會產生$1的應收帳款（95年銷貨淨額$4,000÷95年應收帳款$250），顯示公司的收帳效率變差了。

分析法❶：
金額的比較

　　財務報表的縱向分析及橫向分析還可以再細分為三種：金額的比較、百分比的比較及比率的分析。

　　金額的比較是指直接比較金額的大小或變化情形。例如從大東公司今年的損益表中得知，該年度的銷貨淨額為5,000,000元、銷貨成本為4,500,000元，兩者相減得出銷貨毛利為500,000元，直接比較銷貨淨額5,000,000元與其他項目餘額的高低，就是屬於金額的比較。

　　除了縱向分析該年度各項目的金額大小之外，亦可橫向分析大東公司前後期損益表各個項目的餘額。若大東公司去年度的銷貨淨額為5,000,000元、銷貨成本為4,000,000元，即可得出銷貨毛利為 1,000,000元，從金額的比較中可以得知大東公司縱然今年度與去年度的銷貨淨額皆為5,000,000元，但今年度的銷貨成本為4,500,000元，較去年的4,000,000元多了500,000元，今年度的銷貨毛利也因此少了500,000元。以上即是由縱向的金額比較得出公司該年度各個項目餘額的多少，以及由橫向分析得知前後期各項目餘額的高低消長。

分析法❷：
百分比的
比較

　　金額的比較雖然簡單易懂，卻無法表達出金額變動的程度大小，例如由大東公司今年的損益表做縱向分析，銷貨淨額5,000,000元、銷貨成本4,500,000元、銷貨毛利500,000元，表示銷貨成本占銷貨淨額的90％（銷貨成本4,500,000元÷銷貨淨額5,000,000元）、銷貨毛利占銷貨淨額的10％（銷貨毛利500,000元÷銷貨淨額5,000,000元），亦即大東公司今年每賣出100元的存貨，便需花費90元的成本來賺得10元的毛利。分析財報時，除了做金額的比較外，若能以某項目如銷貨淨額做為基準，呈現出其他項目所占的百分比，便會更加了解每一項目之間的關聯與財務表現；這種以各項百分比的比較做為輔助的分析方式，就是百分比的比較分析。

　　大東公司去年與今年損益表亦可做百分比的橫向分析，該公司去年度的銷貨淨額為5,000,000元、銷貨成本為4,000,000元、銷貨毛利為 1,000,000元，亦即銷貨成本為銷貨淨額的80％（銷貨成本4,000,000元÷銷貨淨額5,000,000元）、銷貨毛利占銷貨淨額的20％（銷貨毛利400,000元÷銷貨淨額5,000,000元），即每賣出100元的存貨，需花費80元的成本，賺得20元的毛利。由

以上的財務報表百分比比較，使用者可以很容易地判斷出該公司去年銷貨毛利占銷貨淨額的百分比較高，即去年財務績效優於今年。

分析法❸：
比率的分析

除了財務報表的金額及百分比的比較分析外，也可以分析不同項目間的比率，由於比率分析最簡單易懂，因此實務上廣泛被採用，以評比公司的營運表現如獲利、營運效率、償債……等各項能力。例如，想要了解公司短期清償債務的能力，由於流動負債須以流動資產來償還，因此可以將公司的流動資產除以流動負債，即得出「流動比率」，該比率愈高，償債能力愈好。一般認為流動比率達200%以上的公司短期償債能力較好，但由於每個產業的特性不同，例如製造業的資金需求較服務業大，平均流動比率通常較小。因此流動比率仍需與同業的平均流動比率相比。較一般的同業高時，就表示公司的短期償債能力較佳；較同業低則表示短期償債能力較差。

同理，比率的分析亦可與前期的比率相互比較，以得知公司營運表現是持續成長或是每況愈下。

共同比財務報表及比較財務報表

共同比財務報表是指對同一期間的財務資訊做百分比比較，以了解各項目在公司整體財務結構中所占的百分比，讓使用者很容易在對照各個項目的百分比時，得知該公司的營運狀況是否健全、合理，以及與同業相較之下是否更具競爭優勢。即使規模大小不同的公司，亦可藉由共同比財務報表來評估兩者財務表現的優劣。

共同比財務報表由於僅表達單一期間財務資訊，故屬於縱向分析，而另一種表達兩期或以上財務資訊的「比較財務報表」就屬於橫向分析了。比較財務報表同時揭露該公司兩期以上的財務資訊，除了揭露各項目的金額外，也可以揭露各項目前後期的變動金額及變動百分比，讓報表使用人不僅得知單期的報表內容，更能進一步地透過各項目前後期的變動，更深入地掌握公司的實際運作情形。

共同比財務報表

共同比財務報表　以報表中某個項目的數額為基準（即100%），再計算報表中其他項目占該總數的百分比，報表中各個項目皆以百分比來表達。

實例　小明的早餐車公司95年度的損益表如左下圖，在製作共同比損益表時，以銷貨淨額為基準100%，再計算報表中其他項目占銷貨淨額的比重。

銷貨成本
早餐車公司銷貨成本為銷貨淨額的70%（銷貨成本$350÷銷貨淨額$500×100%），即銷貨$100時，會產生$70的成本。

淨利
早餐車公司的淨利為銷貨淨額的7%（淨利$35÷銷貨淨額$500×100%）。即銷貨$100時，會產生$7的淨利。

早餐車公司 損益表 95年度（仟元）	
銷貨淨額	$500
銷貨成本	350
銷貨毛利	$150
營業費用	75
營業淨利	$75
所得稅	40
淨利	$35

早餐車公司 共同比損益表 95年度（仟元）	
銷貨淨額	100%
銷貨成本	70%
銷貨毛利	30%
營業費用	15%
營業淨利	15%
所得稅	8%
淨利	7%

延伸運用

可以將早餐車公司96年度的共同比損益表與另一家競爭同業－大發公司的同年度報表相比較，即可分析該年度兩家公司營運績效的優劣。

早餐車公司 共同比損益表 96年度（仟元）		**VS.**	大發公司 共同比損益表 96年度（仟元）	
銷貨淨額	100%		銷貨淨額	100%
銷貨成本	75%		銷貨成本	65%
銷貨毛利	25%		銷貨毛利	35%
營業費用	12%		營業費用	15%
營業淨利	13%		營業淨利	20%
所得稅	8%		所得稅	10%
淨利	5%		淨利	10%

銷貨成本
早餐車公司銷貨收入$100時，就必須花去成本75元，而大發公司只需花去$65成本，表示大發公司的成本控制能力較佳。

銷貨毛利
大發公司銷貨收入$100時，可產生$35的毛利，早餐車公司則是$25，表示大發公司的營業獲利能力較佳。

營業費用
大發公司銷貨收入$100時，會產生$15的營業費用，早餐車公司則只需$12，表示早餐車公司的營業費用控制較佳。

營業淨利
大發公司銷貨收入$100時會產生$20的營業淨利，早餐車公司則是$13，表示大發公司的經營績效較佳。

淨利
大發公司銷貨收入$100時會產生$10的淨利，早餐車公司則是$5，表示大發公司所有營運活動總計獲利能力較佳。

比較財務報表

比較財務報表 同時揭露兩期以上財務資訊，讓使用者能依據前後期數字的變動做橫向分析，得知公司的營運趨勢。

實例 吉利公司的96與95年度比較損益表中，96年銷貨淨額比95年增加了$50，但營業費用卻增加了$40，導致96年淨利減少了$7。

銷貨淨額
吉利公司96年的銷貨淨額較95年增加了$50。

營業費用
吉利公司96年的營業費用較95年增加了$40。

銷貨成本
吉利公司96年的銷貨成本較95年增加了$20。

營業淨利
吉利公司96年的營業淨利較95年減少了$10。

淨利
吉利公司96年的淨利較95年減少了$7。

吉利公司
比較損益表
96及95年度（仟元）

	96年度	95年度	金額變動
銷貨淨額	$400	$350	$50
銷貨成本	300	280	20
銷貨毛利	$100	$70	$30
營業費用	80	40	40
營業淨利	$20	$30	$（10）
所得稅	5	8	（3）
淨利	$15	$22	$（7）

延伸運用

可以將吉利公司96與95年度的比較損益表以銷貨淨額的百分比來呈現，使不同年度的數字能依據百分比做比較。

銷貨成本
吉利公司96年的銷貨成本占該年度銷貨淨額的百分比較95年減少5%，亦即銷貨$100時，減低了$5的成本，表示96年成本控制的績效提升。

營業費用
吉利公司96年的營業費用占該年度銷貨淨額的百分比較95年增加了9%，亦即銷貨$100時，增加了$9的營業費用，表示96年營業費用成本的控制能力降低。

銷貨毛利
吉利公司96年的銷貨毛利占該年度銷貨淨額的百分比較95年增加5%，亦即銷貨$100時，增加了$5的毛利，表示96年產品的競爭力提升。

營業淨利
吉利公司96年的營業淨利占該年度銷貨淨額的百分比較95年減少3.6%，亦即銷貨$100時，減少了$3.6的營業淨利，表示96年與營業相關的獲利能力降低。

淨利
吉利公司96年的淨利占該年度銷貨淨額較95年減少了2.55%，亦即銷貨$100時，減少了$2.55的淨利，表示96年獲利能力降低。

吉利公司
共同比比較損益表
96及95年度（仟元）

	96年度	95年度	百分比變動
銷貨淨額	100%	100%	0
銷貨成本	75%	80%	（5）%
銷貨毛利	25%	20%	5%
營業費用	20%	11%	9%
營業淨利	5%	8.6%	（3.6）%
所得稅	1.25%	2.3%	（1.05）%
淨利	3.75%	6.3%	（2.55）%

綜合分析

吉利公司96年銷貨淨額增加$50但淨利卻減少，表示該年度雖然銷貨有成長，但由於營業費用控制不當，導致公司淨利不增反減。

獲利能力分析

公司存在的目的是要獲利，沒有獲利就可能面臨倒閉危機，因此評估公司的獲利能力是財報分析中最重要的一部分。最常被用來分析公司獲利能力的比率有三種：「資產報酬率」、「普通股權益報酬率」以及「價格盈餘比」。

資產報酬率　　將公司當期淨利除以平均資產，即可得出「資產報酬率」，用以衡量公司所有資源產生利潤高低，是判斷公司獲利能力的一個重要的指標。資產報酬率愈高，表示可以用愈少的資產創造愈高的淨利。使用者應將公司的資產報酬率與同業相比，當此比率比一般同業平均值高時，表示該公司運用資源的效果比一般同業好，反之則表示較差；亦可觀察同一公司前後期資產報酬率是持續上揚或是下降，以得知公司的獲利表現是否有進步。資產報酬率計算的方法是將當期稅後淨利加上扣除所得稅影響後的利息費用，除以「平均資產」（即期初資產總額與期末資產總額的平均值），由於公司的資產隨時都在變動，因此以平均資產來計算較為允當。

資產報酬率應與同業相比

不同產業的公司的資產報酬率也不相同，例如IC設計產業所需要投入的機器設備較電腦代工業少，因此資產報酬率也就較高，比方說IC設計公司聯發科94年資產報酬率為33％，較筆記型電腦代工公司廣達同年資產報酬率7％為高。

普通股權益報酬率　　資產報酬率是用來衡量當期公司所有資源產生利潤的效果。公司可運用資源的來源可分為公司負債（如向銀行貸款、發行公司債集資）及股東權益（如公司股本、保留盈餘），然而，對普通股股東而言，投資某家公司的目的即是希望公司善用股東所投資的錢，創造出更多的利潤，最終使股東獲得更多回饋（分紅），因此，衡量公司運用股東權益產生多少利潤的效果可能更具意義。因此，將稅後淨利除以平均股東權益的「普通股權益報酬率」是普通股股東不可不知的會計資訊。

　　一般而言，普通股權益報酬率高於定存利率較為合理。不同產業的公司的普通股權益報酬率也不相同，因此使用者應將公司的普通股權益報酬率與同業平均值相比，高於同業時，表示股東投資於該公司的錢可以得到較高的回收，反之則表示較

差，使用者亦可觀察同一公司前後期比率的走勢，以得知公司運用股東權益的獲利表現是否有進步。普通股權益報酬率愈高的公司，其股票報酬率也可能愈好。

此外，要特別留意的是，當公司有特別股時，扣除特別股股利後的稅後淨利才是屬於普通股股東的稅後淨利。因此普通股權益報酬率的計算方式是扣除特別股股利後的稅後淨利除以「平均普通股權益」（期初普通股權益與期末普通股權益的平均值）。

價格盈餘比

價格盈餘比又稱為本益比或PE值，是指普通股每股價格與每股盈餘的比率，即在一個會計期間內，每一股普通股的股價與所賺得的盈餘（或發生的損失）的比率。這項比率常被投資人當做判斷股價是否合理的依據，也是評估公司獲利能力及投資風險的重要資訊。

若價格盈餘比低，代表公司的價值被市場低估，投資人可以較低的價格買到股票；然而，當公司財務表現不佳、未獲投資人認同時，股價也會下跌，此時縱使價格盈餘比低也不值得投資。從另一方面看來，當公司前景看好時，投資人多半願意以較高的價格投資該股票，而使得價格盈餘比隨之偏高，不過一旦股市下跌，高價格盈餘比的股票跌價空間可能更大，投資風險也就相對較高。故要判斷一家公司是否有投資價值，必須將其價格盈餘比與同類型產業平均值相比，並與公司過去的表現相比，多方考量才能正確衡量股票的價值。

價格盈餘比計算的方法是將普通股每股市價除以「普通股每股盈餘」（即本期淨利除以普通股股數，參見94至95頁）。

● 價格盈餘比的標準值

一般而言，新興市場因尚屬開發中國家、經濟正以蓬勃速度成長的股票市場，所以價格盈餘比通常較已開發國家的成熟市場為高。台灣股市屬於成熟市場，目前平均價格盈餘比約在十倍上下，相較於有「金磚四國」之稱的印度、中國、俄羅斯、巴西等新興市場動輒二十至三十倍而言，並不算太高。

實例 以大利公司95年及96年的損益表與資產負債表為例，分析其獲利能力（參見144至147頁）、經營效率（參見148至151頁）、短期償債能力（參見152至155頁）以及財務結構（參見156至159頁）。

大力公司 資產負債表 95年及94年12月31日（仟元）	95年	94年
流動資產：		
現金	$100	$70
應收帳款	200	130
存貨	50	40
流動資產合計	$350	$240
固定資產（淨額）	800	750
其他資產	80	60
資產合計	$1,230	$1,050
流動負債：	$200	$300
長期負債：	430	200
負債合計	$630	$500
普通股	$200	$200
（面額10元，發行股數20,000股）		
資本公積	100	100
保留盈餘	300	250
股東權益合計	$600	$550

大力公司 資產負債表 96年及95年12月31日（仟元）	96年	95年
流動資產：		
現金	$150	$100
應收帳款	180	200
存貨	70	50
流動資產合計	$400	$350
固定資產（淨額）	850	800
其他資產	100	80
資產合計	$1,350	$1,230
流動負債：	$200	$200
長期負債：	450	430
負債合計	$650	$630
普通股	$300	$200
（面額10元，發行股數30,000股）		
資本公積	100	100
保留盈餘	300	300
股東權益合計	$700	$600

大力公司 損益表 95年度（仟元）	
銷貨淨額	$1,900
銷貨成本	1,000
銷貨毛利	$900
營業費用	700
營業淨利	$200
利息費用	80
稅前淨利	$120
所得稅	60
淨利	$60

大力公司 損益表 96年度（仟元）	
銷貨淨額	$2,000
銷貨成本	1,000
銷貨毛利	$1,000
營業費用	700
營業淨利	$300
利息費用	100
稅前淨利	$200
所得稅	100
淨利	$100

三種獲利分析比率

方法 1 計算資產報酬率

> 用以計算企業的每一塊錢可以產生多少利潤

公式

$$資產報酬率 = \frac{稅後淨利 + 利息費用（1 - 稅率）}{（期初資產總額 + 期末資產總額）÷ 2} × 100\%$$

判斷方式

表示公司運用資產產生利潤的效率提高

高於前期

表示公司運用資產產生利潤的效率較同業高，表示資產運用的效率較高

高於同業 ← **資產報酬率** 依產業不同而有不同標準 → **低於同業**

表示公司運用資產產生利潤的效率較同業低，表示資產運用的效率較差

低於前期

表示公司運用資產產生利潤的效率降低

實例

大力公司 95年資產報酬率
$$= \frac{稅後淨利\$60 + 利息費用\$80〔1 - 稅率(\$60 ÷ \$120)〕}{（期初資產總額\$1,050 + 期末資產總額\$1,230）÷ 2} × 100\% = 8.77\%$$

> 表示大力公司95年\$1資產可以賺得\$0.0877的利潤

大力公司 96年資產報酬率
$$= \frac{稅後淨利\$100 + 利息費用\$100〔1 - 稅率(\$100 ÷ \$200)〕}{（期初資產總額\$1,230 + 期末資產總額\$1,350）÷ 2} × 100\% = 11.63\%$$

> 表示大力公司95年\$1資產可以賺得\$0.1163的利潤

比較結果

● **前後期比較**
96年資產報酬率11.63% ＞ 95年資產報酬率8.77%

● **與同業比較** 例如同業96年平均資產報酬率10%
96年資產報酬率11.63% ＞ 96年同業平均資產報酬率10%

綜合分析

大力公司96年資產運用的效率較同業高，且較95年進步

方法 2 **計算普通股權益報酬率**

> 用以計算股東投資的每一塊錢可以賺多少錢

公式 普通股權益報酬率 = $\dfrac{稅後淨利 - 特別股股利}{(期初普通股權益 + 期末普通股權益) \div 2} \times 100\%$

判斷方式

股東投資公司每一塊錢所產生的利潤提高

高於前期

股東投資公司每一塊錢所產生的利潤較同業高，報酬率較高

高於同業

普通股權益報酬率
要求比定存利率高

低於同業

股東投資公司每一塊錢所產生的利潤較同業低，報酬率較差

低於前期

股東投資公司每一塊錢所產生的利潤降低

實例

> 股東投資大力公司的$1可以賺得$0.1043

大力公司95年
普通股權益報酬率 = $\dfrac{稅後淨利\$60 - 特別股股利\$0}{(期初普通股股東權益\$550 + 期末普通股股東權益\$600) \div 2} \times 100\% = 10.43\%$

> 股東投資大力公司的$1可以賺得$0.1538

大力公司96年
普通股權益報酬率 = $\dfrac{稅後淨利\$100 - 特別股股利\$0}{(期初普通股股東權益\$600 + 期末普通股股東權益\$700) \div 2} \times 100\% = 15.38\%$

比較結果

● **前後期比較**
96年普通股權益報酬率15.38% ＞ 95年普通股權益報酬率10.43%

● **與同業比較** 例如同業96年平均普通股權益報酬率為10%
96年普通股權益報酬率15.38% ＞ 96年同業平均普通股權益報酬率10%

● **與年定存利率比較** 96年定存利率為3%
96年普通股權益報酬率15.38% ＞ 96年定存利率3%

綜合分析

大力公司96年股票報酬率較同業高，且較95年進步

方法 3 計算價格盈餘比

用以計算每一元的盈餘需花多少倍的股價來購買

公式 價格盈餘比 = $\dfrac{普通股每股市價}{普通股每股盈餘}$ = $\dfrac{普通股每股市價}{稅後淨利÷普通股股數}$

判斷方式

股東預估公司前景看好，願意花較大的代價購入股票

高於前期

價格盈餘比
依產業不同而有不同標準

高於同業 股東投資公司所需的代價較同業高

低於同業 股東投資公司所需的代價較同業低

低於前期

股東預估公司前景不佳，只願意花較少的代價購入股票

實例

● 假設大力公司95年期末的每股市價$30；96年期末的每股市價$50。

大力公司95年 價格盈餘比 = $\dfrac{普通股每股市價\$30}{普通股每股盈餘\$3（即本期淨利\$60÷普通股股數20仟股）}$ = 10（倍）

大力公司95年投資人要賺得$1的盈餘，必須投入$10購買股票

大力公司96年 價格盈餘比 = $\dfrac{普通股每股市價\$50}{普通股每股盈餘\$3.33（即本期淨利\$100÷普通股股數30仟股）}$ = 15（倍）

大力公司95年投資人要賺得$1的盈餘，必須投入$15購買股票

比較結果

● **前後期比較**
96年價格盈餘比15（倍）＞95年價格盈餘比10（倍）

● **與同業比較**　例如同業96年平均價格盈餘比為20（倍）
96年價格盈餘比15（倍）＜96年同業平均價格盈餘比20（倍）

綜合分析

大力公司96年股票價值被低估，故較同業更值得購入，但與95年相比則較無獲利空間

經營效率分析

公司資源運用效率的高低會影響公司整體的競爭力，效率高的公司較能避免壞帳或存貨折損的發生，進而提升競爭力。常被用來分析公司經營效率的比率有「存貨週轉率」與「存貨週轉天數」，以及「應收帳款週轉率」與「應收帳款週轉率天數」。

存貨週轉率　　　一般用來衡量公司銷貨能力高低的比率為存貨週轉率及存貨週轉天數，存貨週轉率是銷貨成本相對於庫存存貨的比率，是一項判斷公司所保持的平均存貨數量多寡是否合理的重要指標。當存貨週轉率高時，表示公司平時所保持的存貨較少，較不會有存貨因陳舊或損壞以致無法銷售回收利潤的情形，但缺點為較可能會缺貨；反之，當存貨週轉率低時，表示公司平時所保持的存貨較多，容易有積壓資金無法靈活運用及存貨損壞而跌價的潛在損失。不同產業的存貨週轉率也不相同，因此使用者必須將公司的存貨週轉率與同業相比，比同業的平均值高，表示該公司存貨倉儲成本控制，即經營效率較好，反之則表示較差；此外，亦可比較同一公司前後期存貨週轉率，以判斷公司的經營效率是否成長。

　　存貨週轉率的計算方式為將當期銷貨成本除以期初存貨與期末存貨的平均值，由於公司存貨隨時都在變動，故以平均值來計算。

存貨週轉天數　　　存貨週轉天數為存貨週轉率的應用，表示在一個會計年度中公司存貨平均週轉一次所需要的天數。存貨週轉率低的公司，存貨週轉天數也較高，亦即存貨庫存的時間較長，容易因損壞、過期而跌價。

　　使用者可比較一家公司與同業的週轉天數平均值，低於平均值表示銷售能力佳、產品供不應求；高於平均值則存貨過多、銷貨能力較差；也可以比較一家公司前後期的存貨週轉天數，若週轉天數減低，表示公司的銷售能力有所改善。

應收帳款週轉率及週轉天數　　　應收帳款是指商品已賒銷給客戶，但對方尚未付清的貨款。若應收帳款變現速度較快，公司的壞帳損失就會減少，公司資產的流動性及短期償債的能力也會較強。「應收帳款週轉率」即是計算當期銷貨收入相對於應收帳款的比率，可用來估

計公司應收帳款變現的速度。應收帳款週轉率沒有標準值，視產業特性而定，若一家公司的應收帳款週轉率高於同業的平均值，表示銷貨能迅速為公司回收現金、被倒帳機率相對較低，也代表公司的經營績效較良好；若低於同業的平均值時，表示銷貨變現速度較慢、公司的經營效率較差。亦可由比較一家公司不同期的應收帳款週轉率來判斷公司的經營績效趨勢。

應收帳款週轉率的計算方式為銷貨淨額除以期初應收帳款與期末應收帳款的平均值。與存貨週轉率相似，應收帳款也可以計算在一個會計年度中變現的平均天數。應收帳款週轉率高的公司，週轉天數也會較短，亦即經營績效較好。

從報表中看出公司的經營效率

以大力公司95年度及96年度的損益表與資產負債表（參見144頁）所提供的數字為例，做經營效率的分析。

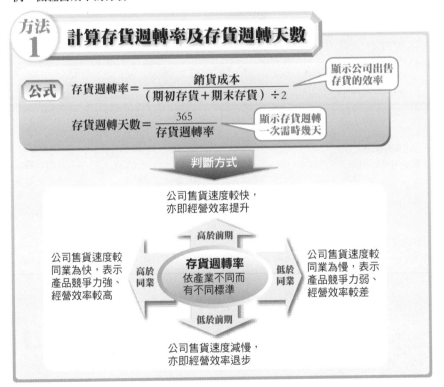

（接上頁）

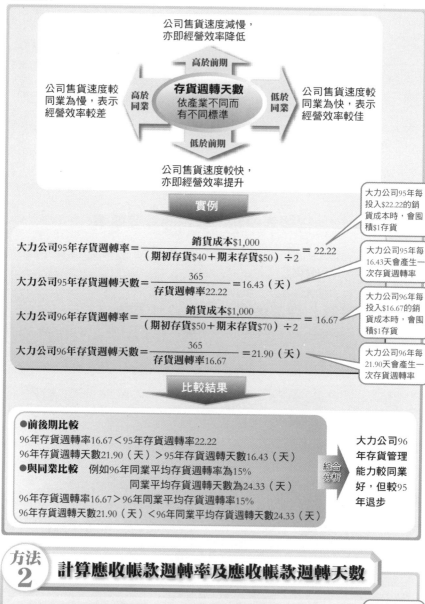

公司售貨速度減慢，
亦即經營效率降低

高於前期

公司售貨速度較
同業為慢，表示
經營效率較差

高於同業

存貨週轉天數
依產業不同而
有不同標準

低於同業

公司售貨速度較
同業為快，表示
經營效率較佳

低於前期

公司售貨速度較快，
亦即經營效率提升

實例

大力公司95年存貨週轉率 = $\dfrac{\text{銷貨成本\$1,000}}{(\text{期初存貨\$40＋期末存貨\$50}) \div 2}$ = 22.22

大力公司95年每投入$22.22的銷貨成本時，會囤積$1存貨

大力公司95年存貨週轉天數 = $\dfrac{365}{\text{存貨週轉率22.22}}$ = 16.43（天）

大力公司95年每16.43天會產生一次存貨週轉率

大力公司96年存貨週轉率 = $\dfrac{\text{銷貨成本\$1,000}}{(\text{期初存貨\$50＋期末存貨\$70}) \div 2}$ = 16.67

大力公司96年每投入$16.67的銷貨成本時，會囤積$1存貨

大力公司96年存貨週轉天數 = $\dfrac{365}{\text{存貨週轉率16.67}}$ = 21.90（天）

大力公司96年每21.90天會產生一次存貨週轉率

比較結果

● **前後期比較**
96年存貨週轉率16.67＜95年存貨週轉率22.22
96年存貨週轉天數21.90（天）＞95年存貨週轉天數16.43（天）
● **與同業比較**　例如96年同業平均存貨週轉率為15%
　　　　　　　　同業平均存貨週轉天數為24.33（天）
96年存貨週轉率16.67＞96年同業平均存貨週轉率15%
96年存貨週轉天數21.90（天）＜96年同業平均存貨週轉天數24.33（天）

綜合分析

大力公司96年存貨管理能力較同業好，但較95年退步

方法 2　計算應收帳款週轉率及應收帳款週轉天數

公式　應收帳款週轉率 = $\dfrac{\text{銷貨淨額}}{(\text{期初應收帳款＋期末應收帳款}) \div 2}$

顯示公司應收帳款變現的速度

應收帳款週轉天數 = $\dfrac{365}{\text{應收帳款週轉率}}$

用以計算公司收款的平均天數

（接上頁）

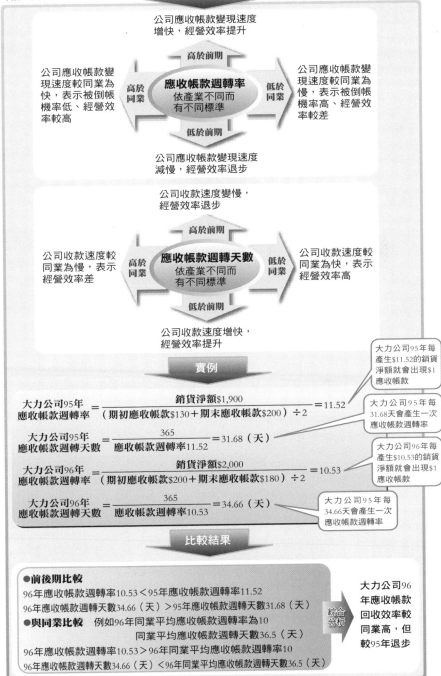

（接上頁）

判斷方式

公司應收帳款變現速度
增快，經營效率提升

高於前期

公司應收帳款變
現速度較同業為
快，表示被倒帳
機率低、經營效
率較高

高於同業

應收帳款週轉率
依產業不同而
有不同標準

低於同業

公司應收帳款變
現速度較同業為
慢，表示被倒帳
機率高、經營效
率較差

低於前期

公司應收帳款變現速度
減慢，經營效率退步

公司收款速度變慢，
經營效率退步

高於前期

公司收款速度較
同業為慢，表示
經營效率差

高於同業

應收帳款週轉天數
依產業不同而
有不同標準

低於同業

公司收款速度較
同業為快，表示
經營效率高

低於前期

公司收款速度增快，
經營效率提升

實例

$$\text{大力公司95年應收帳款週轉率} = \frac{\text{銷貨淨額}\$1,900}{(\text{期初應收帳款}\$130 + \text{期末應收帳款}\$200) \div 2} = 11.52$$

> 大力公司95年每產生$11.52的銷貨淨額就會出現$1應收帳款

$$\text{大力公司95年應收帳款週轉天數} = \frac{365}{\text{應收帳款週轉率}11.52} = 31.68（天）$$

> 大力公司95年每31.68天會產生一次應收帳款週轉率

$$\text{大力公司96年應收帳款週轉率} = \frac{\text{銷貨淨額}\$2,000}{(\text{期初應收帳款}\$200 + \text{期末應收帳款}\$180) \div 2} = 10.53$$

> 大力公司96年每產生$10.53的銷貨淨額就會出現$1應收帳款

$$\text{大力公司96年應收帳款週轉天數} = \frac{365}{\text{應收帳款週轉率}10.53} = 34.66（天）$$

> 大力公司95年每34.66天會產生一次應收帳款週轉率

比較結果

●**前後期比較**
96年應收帳款週轉率10.53 < 95年應收帳款週轉率11.52
96年應收帳款週轉天數34.66（天）> 95年應收帳款週轉天數31.68（天）

●**與同業比較** 例如96年同業平均應收帳款週轉率為10
同業平均應收帳款週轉天數36.5（天）
96年應收帳款週轉率10.53 > 96年同業平均應收帳款週轉率10
96年應收帳款週轉天數34.66（天）< 96年同業平均應收帳款週轉天數36.5（天）

綜合分析

大力公司96年應收帳款回收效率較同業高，但較95年退步

短期償債能力分析

獲利能力分析及經營效率分析主要在衡量公司資源利用的效率及效果。然而，即使公司的獲利能力好且競爭力強，如果資金的流動性不佳，仍然有可能週轉不靈而影響債權人權益。因此公司償債能力的分析就成了財報分析的重點。短期償債能力是一家公司清償短期債務的能力，可以從以下三項財務比率來分析：「流動比率」、「速動比率」、「利息保障指數」。

流動比率　　　　　流動比率又稱為「營運資金比率」，是公司當期流動資產與流動負債的比率，也是用來評估公司短期償債能力的指標。流動資產是指一年內可變現的資產，而一年內需清償的負債則為流動負債，由於流動負債要以流動資產來償還，若公司的流動資產大於流動負債，則短期的償債能力較好，因此流動比率愈大愈好。一般認為，流動比率達200%以上表示公司未來一年以流動資產清償短期債務的能力沒有問題，但也可能有資金閒置未獲充分運用的情形；而低於200%的公司因流動資產過少而有無法清償負債的潛在危險；低於100%的公司則有可能週轉不靈而產生債務危機。總的說來，流動比率仍應比較同業平均值，且需由公司前後期的表現來判斷。

速動比率　　　　　流動比率表達公司流動資產大於流動負債的程度，然而，並非所有流動資產的變現能力都很好，例如存貨或預付費用就無法馬上變現償債，因此，將流動資產中變現性較差的資產扣除，便能得出可於短期內即時變現還款的資產，即「速動資產」。一般而言，速動資產包括：現金、應收帳款及以交易為目的投資。「速動比率」就是將速動資產除以流動負債，可較流動比率更精準地表達出一家公司緊急償債的能力，故更具參考價值。速動比率愈高，表示公司短期償債能力愈強，一般認為，速動比率達100%的公司償債能力良好，而低於100%則償債能力不理想。但仍需與同業平均值相比，輔以觀察公司前後期的表現。

利息保障
倍數　　　　　利息保障倍數是公司獲利與利息費用的比率，即當期稅前淨利加上利息費用（即營業淨利）之後，再除以利息費用所得出的比率，可用來衡量公司以當期獲利支付利息費用的能力。公司當期利益愈大，利息費用的給付能力也就愈強、償還借款能力愈好，而債權人權益也就較受保障，因此利息保障倍數愈高愈好。

　　　　　一般而言，利息保障倍數高於5倍才算良好，介於2倍至5倍之間尚可接受，低於2倍則表示償債能力很不理想。

從報表中看出公司的短期償債能力

以大力公司95年度及96年度的損益表與資產負債表（參見144頁）所提供的數字為例，做短期清償能力的分析。

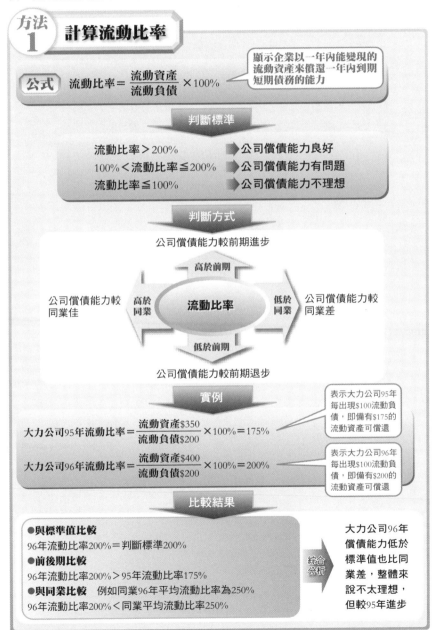

方法 1 **計算流動比率**

公式 流動比率＝ $\dfrac{流動資產}{流動負債}$ ×100%

顯示企業以一年內能變現的流動資產來償還一年內到期短期債務的能力

判斷標準

流動比率＞200% ➡ 公司償債能力良好
100%＜流動比率≦200% ➡ 公司償債能力有問題
流動比率≦100% ➡ 公司償債能力不理想

判斷方式

公司償債能力較前期進步

高於前期

公司償債能力較同業佳 ← 高於同業 **流動比率** 低於同業 → 公司償債能力較同業差

低於前期

公司償債能力較前期退步

實例

大力公司95年流動比率＝ $\dfrac{流動資產\$350}{流動負債\$200}$ ×100%＝175%

表示大力公司95年每出現\$100流動負債，即備有\$175的流動資產可償還

大力公司96年流動比率＝ $\dfrac{流動資產\$400}{流動負債\$200}$ ×100%＝200%

表示大力公司96年每出現\$100流動負債，即備有\$200的流動資產可償還

比較結果

●與標準值比較
96年流動比率200%＝判斷標準200%
●前後期比較
96年流動比率200%＞95年流動比率175%
●與同業比較　例如同業96年平均流動比率為250%
96年流動比率200%＜同業平均流動比率250%

綜合分析 ➡

大力公司96年償債能力低於標準值也比同業差，整體來說不太理想，但較95年進步

方法 **2** 計算速動比率

顯示企業以即時變現的速動資產來償還一年內到期債務的能力

公式 速動比率 = $\dfrac{\text{現金} + \text{應收帳款} + \text{以交易為目的的投資}}{\text{流動負債}} \times 100\%$

判斷標準

速動比率 ≧ 100% ➡ 公司緊急償債能力良好

速動比率 < 100% ➡ 公司緊急償債能力不理想

判斷方式

公司緊急償債能力較前期進步

高於前期

公司緊急償債能力較同業佳　高於同業　**速動比率**　低於同業　公司緊急償債能力較同業差

低於前期

公司緊急償債能力較前期退步

實例

大力公司 95年速動比率 = $\dfrac{\text{現金}\$100 + \text{應收帳款}\$200 + \text{交易目的投資}\$0}{\text{流動負債}\$200} \times 100\% = 150\%$

表示大力公司95年每出現\$100流動負債，即備有\$150的可變現速動資產可償還

大力公司 96年速動比率 = $\dfrac{\text{現金}\$150 + \text{應收帳款}\$180 + \text{交易目的投資}\$0}{\text{流動負債}\$200} \times 100\% = 165\%$

表示大力公司96年每出現\$100流動負債，即備有\$165的可變現速動資產可償還

比較結果

●**與標準值比較**
96年速動比率165% > 判斷標準100%

●**前後期比較**
96年速動比率165% > 95年速動比率150%

●**與同業比較**　例如同業96年平均速動比率為150%
96年速動比率165% < 同業平均速動比率150%

綜合分析

大力公司96年緊急償債能力高於標準值，且優於同業，亦較95年進步

方法 3 計算利息保障倍數

公式 利息保障倍數 = $\dfrac{\text{稅前淨利} + \text{利息費用}}{\text{利息費用}}$

企業以營業淨利支付利息費用的能力

判斷標準

利息保障倍數 > 5 ➡ 公司支付利息及償債能力良好

2 < 利息保障倍數 ≦ 5 ➡ 公司支付利息及償債能力尚可

利息保障倍數 ≦ 2 ➡ 公司支付利息及償債能力不理想

判斷方式

公司支付利息及償債能力較前期進步

高於前期

高於同業 ← **利息保障倍數** → **低於同業**

公司支付利息及償債能力較同業佳

公司支付利息及償債能力較同業差

低於前期

公司支付利息及償債能力較前期退步

實例

大力公司95年利息保障倍數 = $\dfrac{\text{稅前淨利}\$120 + \text{利息費用}\$80}{\text{利息費用}\$80} = 2.5（倍）$

表示大力公司95年利息保障倍數為利息費用的2.5倍

大力公司96年利息保障倍數 = $\dfrac{\text{稅前淨利}\$200 + \text{利息費用}\$100}{\text{利息費用}\$100} = 3（倍）$

表示大力公司96年利息保障倍數為利息費用的3倍

比較結果

● 與標準值比較
2 < 96年利息保障倍數3 ≦ 5

● 前後期比較
96年利息保障倍數3（倍）> 95年利息保障倍數2.5（倍）

● 同業比較　例如同業96年平均利息保障倍數為4（倍）
96年利息保障倍數3（倍）< 同業平均利息保障倍數4（倍）

綜合分析

大力公司96年支付利息及償債能力普通，且表現較同業差，但較95年已有進步

財務結構分析

除了分析公司短期償債能力，長期償債能力也一樣重要。長期償債能力的好壞取決於公司整體的財務結構即公司資產、負債及股東權益之間的相對關係是否健全，財務結構健全的公司在平時可以穩健地成長，在面臨困境時所承受的經營壓力較小，較容易存活。使用者可以「負債比率」、「股東權益比率」以及「長期資金占固定資產比率」來診斷其財務結構。

負債比率　　　　負債比率是當期負債占總資產的比率，用以評估公司負債是否沈重。負債為債權人對公司資產的索償權，而公司資產是負債與股東權益的總和，負債比率高，表示公司資金大部分由舉債而得，對債權人的保障較低；但負債比率過低，公司又會喪失由舉債投資所能創造的利潤，因此適當的負債是必要的。一般而言，合理的負債比率為三分之二，也就是負債占資產總額不超過三分之二較為健全。負債比率亦應與同業平均值相比，且需觀察公司前後期表現的趨勢。

**股東權益
比率**　　　　股東權益為股東對公司資產的索償權，公司當期股東權益占總資產的比率稱為股東權益比率。股東權益比率高表示公司資金的主要來源為股東而非對外舉債，即負債較少，亦即資本結構較為健全；若股東權益比率過高，表示經營策略較為保守，雖然該公司經營風險較小，但來自舉債投資的獲利率也可能較小。一般說來，股東權益比率為不應低於三分之一。但仍需與同業平均值、公司前後期的表現相比才能正確判斷其高低。

　　　　由會計方程式看來，資產是負債與股東權益的總和，所以負債比率（負債總額占資產總額的比率）加上股東權益比率（股東權益占資產總額的比率）應為100%。

**長期資金
占固定資
產比率**　　　　長期資金占固定資產比率是公司當期固定資產中長期資金所占的比例。公司的長期資金是股東權益與長期負債的總和。長期資金占固定資產比率愈高，表示公司固定資產的購入由長期資金來負擔，沒有用短期資金支應長期資本支出的情形，財務結構也較穩固；長期資金占固定資產比率過低，表示公司部分固定資產由流動負債來負擔，屬於以短期資金支應長期資本支出的不健全財務結構。

　　　　一般說來，長期資金占固定資產比率應大於100％才合理，若小於100％顯示企業有「以短支長」的情形，但這項比率仍需與同業平均值、公司前後期的表現相比，才能正確判斷。

透視公司的財務結構

以大力公司95及96年度的損益表與資產負債表（參見144頁）所提供的數字為例來診斷其財務結構。

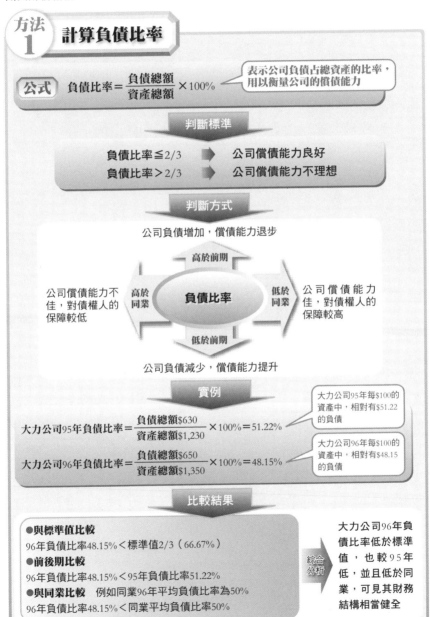

方法 1 計算負債比率

公式 負債比率 = 負債總額 / 資產總額 × 100%

表示公司負債占總資產的比率，用以衡量公司的償債能力

判斷標準

負債比率 ≦ 2/3 ➤ 公司償債能力良好
負債比率 > 2/3 ➤ 公司償債能力不理想

判斷方式

公司負債增加，償債能力退步

高於前期

公司償債能力不佳，對債權人的保障較低　高於同業

負債比率

低於同業　公司償債能力佳，對債權人的保障較高

低於前期

公司負債減少，償債能力提升

實例

大力公司95年負債比率 = 負債總額$630 / 資產總額$1,230 × 100% = 51.22%

大力公司95年每$100的資產中，相對有$51.22的負債

大力公司96年負債比率 = 負債總額$650 / 資產總額$1,350 × 100% = 48.15%

大力公司96年每$100的資產中，相對有$48.15的負債

比較結果

● **與標準值比較**
96年負債比率48.15% < 標準值2/3（66.67%）
● **前後期比較**
96年負債比率48.15% < 95年負債比率51.22%
● **與同業比較**　例如同業96年平均負債比率為50%
96年負債比率48.15% < 同業平均負債比率50%

綜合分析

大力公司96年負債比率低於標準值，也較95年低，並且低於同業，可見其財務結構相當健全

方法 2　計算股東權益比率

公式　股東權益比率 $= \dfrac{股東權益}{資產總額} \times 100\%$

> 表示股東權益占總資產的比率，用以衡量公司的財務結構

判斷標準

股東權益比率 ≧ 1/3 ➡ 公司資金大部分由股東提供，財務結構較健全

股東權益比率 < 1/3 ➡ 公司資金大部分由舉債而得，財務結構較不健全

判斷方式

公司負債減少，股東權益占資產的比率提升

高於前期

公司財務結構較健全，對債權人保障較高　**高於同業**

股東權益比率

低於同業　公司財務結構較不健全，對債權人保障較低

低於前期

公司負債增加，股東權益占資產的比率降低

實例

大力公司95年股東權益比率 $= \dfrac{股東權益\$600}{資產總額\$1,230} \times 100\% = 48.78\%$

> 大力公司95年每$100的資產中來自股東投資的有$48.78

大力公司96年股東權益比率 $= \dfrac{股東權益\$700}{資產總額\$1,350} \times 100\% = 51.85.\%$

> 大力公司95年每$100的資產中來自股東投資的有$51.85

比較結果

● **與標準值比較**
96年股東權益比率51.85% > 標準值1/3（33.33%）

● **前後期比較**
96年股東權益比率51.85% > 95年股東權益比率48.78%

● **與同業比較**　例如同業96年平均股東權益比率為50%
96年股東權益比率51.85% > 同業平均股東權益比率50%

綜合分析

大力公司96年股東權益比率高於標準值，也較95年高，且高於同業，顯示其財務結構相當健全

方法 3 計算長期資金占固定資產比率

表示長期資金占固定資產的比率，用以衡量公司資金來源的穩定度

公式 長期資金占固定資產比率 ＝ $\dfrac{\text{股東權益＋長期負債}}{\text{固定資產淨額}} \times 100\%$

判斷標準

長期資金占固定資產比率 ≧100% ▶ 公司不以短支長，財務結構較健全

長期資金占固定資產比率 <100% ▶ 公司以短支長，財務結構較不健全

判斷方式

公司固定資產由長期資金負擔的比率提升，違約風險降低

高於前期

公司財務結構較健全，對債權人保障較高 ◀ **高於同業** ── **長期資金占固定資產比率** ── **低於同業** ▶ 公司財務結構較不健全，對債權人保障較低

低於前期

公司固定資產由長期資金負擔的比率降低，違約風險升高

實例

大力公司95年長期資金占固定資產比率 ＝ $\dfrac{\text{股東權益}\$600＋\text{長期負債}\$430}{\text{固定資產淨額}\$800} \times 100\% ＝ 128.75\%$

大力公司96年長期資金占固定資產比率 ＝ $\dfrac{\text{股東權益}\$700＋\text{長期負債}\$450}{\text{固定資產淨額}\$850} \times 100\% ＝ 135.29\%$

大力公司95年每當需求$100固定資產，即備有$128.75的長期資產可供支應

大力公司96年每當需求$100固定資產，即備有$135.29的長期資產可供支應

比較結果

● **與標準值比較**
96年長期資金占固定資產比率135.29%＞標準值100%

● **前後期比較**
96年長期資金占固定資產比率135.29%＞95年長期資金占固定資產比率128.75%

● **與同業比較** 例如同業96年平均長期資金占固定資產比率120%
96年長期資金占固定資產比率135.29%＞同業平均長期資金占固定資產比率120%

綜合分析 ▶ 大力公司96年長期資金占固定資產比率高於標準值，財務結構也較同業健全，且較前期進步

財報分析的限制

雖然財務報表分析提供了報表使用者更深入了解公司經營績效及財務狀況的方法，但還是有其使用上的限制，如時效性不足、採用不同會計原則等。使用者應該了解其限制，並做適當的調整，才能使分析結果發揮最大的功效。

財務報表本身的限制

財務報表表達企業的營運狀況，但仍有一些使用者不可不知的使用限制，如下：

◆ 資訊不具時效性：資訊應在決策前提供才具時效性，有助於即時參考。目前上市上櫃公司以12月31日為編製基準日的財務報表，經會計師查核後，在隔年4月30日才會公告，而上半年度6月30日為編製基準日的財務報表在8月31日才會公告，因此，資訊並不完全符合時效性的原則，財報分析的效用也就會降低。

◆ 資訊是歷史資訊：財務報表本身表達的是公司過去的財務表現，無法預先告知未來的變化，也無法預測發展的前景。例如，一家連續虧損多年的公司也許不論採用哪一種分析方法都顯示該公司前景堪憂，然而，該公司也有可能在未來因為某種新研發產品大受歡迎而一舉翻身，但這項可能性無法於財報中顯現。

◆ 主觀估計的風險：財務報表中，有些項目的餘額是經過估計後衡量的結果，例如：公司固定資產的使用年限或殘值、估計的壞帳費用、估計的產品服務費用等等，這類主觀估計都可能造成財報結果的誤差，進而影響財報分析的效果。

◆ 盈餘管理的可能：雖然財務報表應如實表達企業的經營表現，但某些企業會虛增當期淨利或美化財務績效，以致誤導投資人的認知，這類操縱財報的行為就稱為「盈餘管理」。為了避免受盈餘管理誤導而蒙受損失，使用者應深入分析財報數字、仔細閱讀附註，並多方蒐集公司相關資訊，才不會做出錯誤的判斷。

企業間相互比較的限制

當比較分析不同公司的財務報表時，會遇到一些分析上的困難。一般常見的困難如下：

◆ 採用不同的會計方法：不同的公司可能採用不同的會計方法，例如折舊方法的評價，採用直線法或年數合計法（參見68頁）所產生的折舊費用就不相同，故應調整再進行比較。

◆產業的差別：不同產業的公司財報分析標準不同。例如服務業與製造業的財務結構基本上就不相同，製造業因為有龐大的資金需求而較有可能對外舉債，負債比率一般而言也就較注重人力資源的服務業為高。因此不同產業公司財報數字往往差距甚遠而難以比較。

◆資產增、貶值的影響：有些公司資產按成本入帳，年代久遠公司的資產可能增值或貶值造成帳面價值的扭曲，因此，比較不同公司的財務報表時，應該適當地調整資產價值，以增加其可比較性。

財報分析有哪些限制？

財務報表本身的限制

●資訊不符合時效性原則
經會計師審核的財務報表於隔年四月才會公告，因此使用者無法即時得知財務資訊，財報分析的效用也就會降低。

●只提供歷史資訊
財務報表表達的是公司過去的財務狀況，無法預示公司未來發展。

●主觀估計的風險
某些項目如壞帳費用、產品保證費用等經過主觀估計，可能有誤差而降低財報分析的正確性。

●盈餘管理的可能
績效不佳的公司可能虛增、操縱盈餘以美化財務表現，投資人應審慎分析財報數字以免受誤導。

不同公司財務報表比較的限制

●資產增（貶）值的影響
公司購入資產時所認列的資產價值歷經數年後可能有增值（或貶值），應做適當的調整。

●不同產業別難以比較
不同產業的財報分析標準也不同。例如量販業的存貨週轉率就比精品業為高。

●需調整不同的會計方法
不同的公司可能採用不同的會計方法，如銷貨採先進先出法或後進先出法（參見64頁）所產生的銷貨成本就不相同，需經調整再行比較。

Chapter 8 企業的併購

在經濟全球化時代，企業與企業間的併購時有所聞。成功的併購可以帶來降低成本、增強品牌印象、增加競爭力……等好處。

企業在併購時及併購之後都有許多會計相關事項。例如併購公司在併購日應將被收購公司的資產計入帳上；而併購後若兩家公司成為同時存續的母子公司，則在期末時母公司須製作兩公司的合併報表……等。本篇將簡單說明企業併購的相關議題及會計處理方法。

● 企業進行併購的目的有哪些？

● 企業併購對會計處理有哪些影響？

● 什麼是母子公司？

● 順流交易與逆流交易對會計處理的影響

● 為什麼要製作合併報表？合併報表與個別
  報表有何不同？

企業為何併購

隨著經濟全球化的發展，企業之間的競爭日益劇烈。過去的企業也許只要經營當地市場就能生存，但現在卻要面對全世界同業的競爭。因此有許多企業藉併購擴大規模，以增加競爭力、確保生存。

併購的目的　　企業併購包含兩種型態：一是企業與企業間的合併，以及一企業對另一企業的購併。企業併購有幾項目的，分述如下：

◆ 達到規模經濟：規模經濟是指當企業產品的產量增加時，大量採購原料可以使產品每單位的成本隨產量的擴大而下降，進而為企業帶來更大的利益。企業併購後的產量更能達到規模經濟，藉以降低產品成本，競爭力也隨之提升。

◆ 垂直整合的效益：垂直整合是指同一產業內上下游公司間的併購。下游公司如果能併購上游供應原料的公司，將使原料的供應更加穩定，價格更具競爭力。同樣地，上游公司併購下游公司也可以藉此接近消費市場，更能掌握市場的動態。

◆ 水平整合的效益：水平整合是指同一產業內的併購。同業間併購最大的好處在於降低同業的競爭壓力，以及加強價格的掌握能力。

◆ 多角化經營以降低經營風險：每個產業都有獨特的經營風險及景氣高低循環，公司併購生產不同產品的公司可以降低單一產業經營的風險。

◆ 稅捐利益：當長期獲利的公司併購一家虧損的公司時，虧損公司所累積的營業虧損計入併購公司的總營收後，可帶來節稅的效益。

● 併購與反托拉斯法案

成功的併購可加強企業的競爭力；然而，企業過度的膨脹卻可能形成「托拉斯」，也就是某個企業規模大到足以壟斷市場、排除或控制其他企業的活動，進而危害公共利益，例如市場中A公司的市場占有率為50%，B公司的市場占有率為35%，合併後公司市占率可能會超過80%，而市占率廣大的公司就有制訂市場價格的能力，進而獲取暴利。因此，為了避免企業過度膨脹壟斷市場，危害到其他競爭者的生存與消費者的權益，許多國家或區域都訂定了反托拉斯法。

企業的併購

企業合併

某公司購買另一家公司股權後合併為一家公司。

企業購併

某公司為達控制的目的而購買另一家公司股權，兩公司在法律上仍為獨立個體。

目的 **1**

達到規模經濟

併購能擴大企業的規模，大量採購原料使產品的單位成本相形降低，帶來更大效益。

例如｜ A電子公司合併B電子公司以增加市占率、降低成本及擴大經濟規模。

目的 **2**

垂直整合效益

併購同一產業內的上下游公司，可更有效掌握原料、服務及市場資源。

例如｜ 生產數位像機的公司併購傳統相機公司以取得光學鏡片與變焦鏡頭的技術。

目的 **3**

水平整合效益

併購同一產業內的競爭廠商，既能減少對手，又可以擴大規模、增加競爭力。

例如｜ 甲銀行併購乙銀行以減少競爭對手，並增加行銷通路。

目的 **4**

降低經營風險

多方面併購不同產業的廠商，可減少公司受單一產業景氣波動的影響，使經營風險更趨穩定。

例如｜ 生產運動用品的公司併購電子公司，使盈餘互補，降低單一產業景氣波動的影響。

目的 **5**

稅捐利益

公司可藉由併購一家虧損的公司時所承擔的營業虧損來降低資產總額，達到節稅的目的。

例如｜ 被收購公司的虧損移轉給併購公司，可使併購公司的課稅所得降低。

併購後的單一公司與母子公司

併購後企業的組織型態會有所改變，比方說一家公司吸收合併另一家公司、或兩家公司均解散再共同創設新公司、或一家公司購買另一家公司股票成為母子公司。不同的併購類型不僅影響到合併當日的會計處理，也會關係到合併後財務報表的編製。

企業併購的類型

　　從會計上的觀點來看，不同的併購類型可能面臨不同的會計處理議題，分為併購後僅存一家公司的吸收合併、創設合併，以及兩家公司皆存續經營的購併，分述如下：

◆吸收合併：是指一家或多家公司將其資產及負債移轉給某家公司，並在移轉後即行解散，最後僅剩下續存的公司維持經營。

◆創設合併：是指兩家或兩家以上的公司將其資產及負債移轉給一家新設立的公司，並在移轉後即解散，最後僅剩下此一新設立的公司。

◆購併：一公司透過購買另一公司股票而對該公司握有控制權稱為「購併」。被收購的子公司在收購的母公司控制下仍然繼續經營，兩家公司都不解散，形成「母子公司」，也稱做「聯屬公司」。

併購後的母子公司

　　併購中的吸收及創設合併最後都僅存一家續存或新設立的公司；而購併則是併購公司及被收購公司均會存留下來，形成「母子公司」。母子公司關係的形成有兩種方式：

◆直接持有：當一家公司購買別家公司流通在外、具表決權的股票達50%以上時，握有他家公司股票的公司即稱為母公司。相對地，被持有50%以上流通在外具表決權股票的公司，則稱為子公司。而母公司透過持有大部分股票對子公司行使控制權，即是「直接持有」。

◆間接持有：母公司藉由直接持有的子公司來間接掌握子公司對其他公司的控制權，而母公司透過子公司所持有的公司行使控制權，就是「間接持有」。

　　母子公司法律上雖為各自獨立的個體，擁有各自的權利與義務，然而，子公司的資源及經營的策略在實質上卻被母公司所控制。母公司擁有子公司一半以上具表決權的股份，因此母公司得以選派子公司一定席次的董事，並影響公司的重大決策，包括股利政策，進而使得子公司的經營策略與母公司的政

策一致,達到母公司對子公司控制的目的。

　　由於母公司掌握子公司大部分具表決權的股票,所以能控制子公司的經營策略及資源運用,因此在會計處理上應將母子公司視為一個會計整體,母公司應編製母子公司的合併報表。資訊的使用者在做決策時,應對母子公司的個別報表以及合併報表加以分析、比較,而非僅評估單一公司,才能增加判斷的準確度。

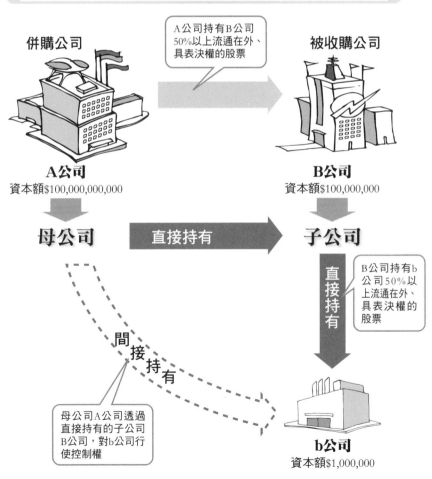

母子公司關係的形成

併購公司

A公司持有B公司50%以上流通在外、具表決權的股票

被收購公司

A公司
資本額$100,000,000,000

B公司
資本額$100,000,000

母公司　　直接持有　　**子公司**

直接持有

B公司持有b公司50%以上流通在外、具表決權的股票

間接持有

母公司A公司透過直接持有的子公司B公司,對b公司行使控制權

b公司
資本額$1,000,000

企業併購的會計處理

企業的併購從評估，規劃，決定，執行到併購完成相關事務的處理相當複雜，在會計上應遵循一定的處理原則與做法，才能詳實、允當地表達併購與被收購公司的財務狀況變化情形。

併購前的財務評估

公司決定併購前，除了考量經營策略因素如規模經濟、成本降低等好處外，亦應從財務會計方面考慮，對被收購公司的財務報表進行分析，以評估併購對公司財務狀況的影響。比方說，併購公司應注意被收購公司是否有資產負債表外的負債，例如背書保證、資金融通他人可能產生的損失、法律訴訟等等，以避免高估被收購公司的價值。另外需注意的是，不同公司所採用的會計方法不盡相同，分析時應一併考量會計原則差異的影響。通盤分析被收購公司的財務狀況後，再依分析的結果決定收購價錢的高低。

併購時的帳務處理：購買法

企業併購時的會計處理採用的是購買法，也就是將併購公司取得被收購公司淨資產當做是購買一般資產的交易，而併購成本則依購買當時資產的公平價值即市場交易價格入帳。實際進行併購交易時，併購公司得以現金支付併購金額，或以發行公司債、發行普通股或特別股等方式籌措所需資金，入帳的成本則以支付工具如現金、公司債、股票的公平價值入帳。若併購公司支付的金額高於被收購公司淨資產的公平價值，應以被收購公司的商譽入帳。

● 購買法允許各公司採用不同的會計方法

使用購買法處理併購時，即使個別公司原來對某些資產或負債的評價採用不一樣的會計方法，例如併購公司對存貨評價採先進先出法，被收購公司則採用後進先出法，也不需將評價的方法調整成一樣才入帳，因為購買法中淨資產的價值依當時市場的公平價值入帳，與原本帳列金額的多寡無關。

併購後的帳務處理

在一般常見的吸收合併、創設合併及購併三種企業併購類型，吸收及創設合併最後都僅存一家公司，因此併購後的帳務處理援用一般公司的會計做法即可；而購併則是併購公司及被收購公司以母子公司型態留存下來，兩公司在公司法上分別為獨立的個體，應各自編製其財務報表，但為了要表達購併後母子公司為一會計整體的財務狀況及經營績效，母公司需定期依據兩公司的財務報表編製合併的財務報表。

併購的會計處理

實例 生產液晶面板的美晶公司為了整合產能及擴大經濟規模，於96年1月1日併購其代工廠大力公司。大力公司於併購後即解散。會計處理如下：

評估被收購公司財務狀況

併購公司應分析被收購公司的財務報表以評估併購的影響以及併購成本。

實例 美晶公司檢視大力公司的資產與負債。

大力公司
95年12月31日

資 產	帳面值	公平價值
現金	3,000,000	3,000,000
應收帳款	1,000,000	950,000
固定資產	800,000	900,000
	4,800,000	4,850,000

負 債	帳面值	公平價值
應付帳款	2,000,000	2,000,000
其他負債	1,200,000	1,500,000
	3,200,000	3,500,000

大力公司淨資產公平價值
淨資產公平價值$1,350,000（資產公平價值$4,850,000－負債公平價值$3,500,000）

決定併購成本

併購公司依據被收購公司淨資產的公平價值來決定合理的併購金額。

實例 美晶公司決定以$1,500,000購買大力公司，於96年1月1日發行面額$10、市價$30的普通股50,000股來籌措資金。會計分錄如下：

96/1/1 借：投資 1,500,000 ⓐ
50,000股×股票市價$30
　　　　貸：股本 500,000 ⓑ
50,000股×股票面額$10
　　　　貸：資本公積 1,000,000 ⓑ
投資$1,500,000－股本$500,000

ⓐ 投資、現金、應收帳款、固定資產、商譽屬於資產科目，當資產的金額增加時，需記於T字帳的左方，即借方；當資產的金額減少時，需記於T字帳的右方，即貸方

併購成本分錄

併購公司應將被收購公司的資產、負債依公平價值入帳，併購金額溢於淨資產公平價值的部分應以商譽入帳。

實例 美晶於併購大力公司時應做會計分錄如下：

96/1/1 借：現金 3,000,000 ⓐ
　　　　借：應收帳款 950,000 ⓐ
　　　　借：固定資產 900,000 ⓐ
　　　　借：商譽 150,000 ⓐ
支付金額$1,500,000－淨資產公平價值$1,350,000
　　　　　　貸：應付帳款 2,000,000 ⓒ
　　　　　　貸：其他負債 1,500,000 ⓒ
　　　　　　貸：投資 1,500,000 ⓐ

ⓑ 股本、資本公積屬於業主權益科目，業主權益的金額增加時，需記於T字帳的右方，即貸方

ⓒ 應付帳款、其他負債屬於負債科目，當負債的金額增加時，需記於T字帳的右方，即貸方

從母子公司交易到編製合併報表

併購後，母子公司縱然在法律上仍是獨立的公司，但實際營運時往來頻繁、互相依賴，在會計上如同一個整體，只製作個別財務報表無法表達財務全貌，因此會計上規定母公司必須製作合併財務報表，以提供使用者整體營運成果的資訊。

順流交易與逆流交易　　母子公司間常常會發生一些交易行為，例如母子公司互為生產過程上下游公司，為了保障原料的品質及來源，上游的公司會銷售原料給下游的公司；此外，母子公司間亦可能為了增加資源的使用效能而銷售固定資產；或母子公司間融通資金而持有對方發行的公司債等等。這些母子公司間的交易中，從母公司銷貨給子公司的交易稱做「順流交易」；從子公司銷貨給母公司的交易稱做「逆流交易」。順流交易與逆流交易應視為公司內部的交易，其所產生的相互銷貨與購貨、應收與應付帳款必須在合併報表中互相沖銷，以免數字虛增。

沖銷交易　　母子公司之間的業務往來在個別財務報表上所表達的是與對方的交易金額，例如當母子公司間發生銷貨時，個別公司的會計入帳方式就像一般的銷貨交易一樣：銷貨的公司借記應收帳款及銷貨成本，貸記存貨及銷貨收入；購貨的公司借記存貨，貸記應付帳款。平時母子公司對這些交易並不特別處理，然而，由於母子公司被視為一個會計個體，所以購買彼此產品的交易應視公司內部交易，銷貨與購貨等同於存貨的移轉，就像是將存貨從銷貨公司的倉庫搬到購貨公司的倉庫一般。母公司在編製合併報表時，應將因為這些交易造成相關科目餘額虛增的部分相互沖銷。

編製合併報表　　在編製合併財務報表時，應以各自的報表為基礎，將報表相同科目相加，再調整母子公司之間順流、逆流交易的影響。在格式上，合併報表和單一公司並無差異，通常合併報表會呈現在母公司報表的後半部，以供使用者進行分析比較。讀者可依據〈Chapter 7 財務報表分析〉的方法來檢視企業整體的財務狀況。

母子公司之間的交易流程

實例 母公司期初2月1日向子公司購買產品$60,000元，並於期中6月18日以$70,000出售給外人。當初子公司1月1日進貨的成本為$50,000，則母子公司應做的會計處理如下：

母公司會計處理

2月1日母公司向子公司購買產品$60,000。母公司應做的分錄為：

2/1 借：存貨	60,000	
貸：應付帳款		60,000

期中6月18日母公司將從子公司購入的存貨以$70,000銷貨給外人，應做分錄：

6/18 借：現金	70,000	
貸：銷貨收入		70,000

銷貨時公司記錄銷貨成本：

6/18 借：銷貨成本	60,000	
貸：存貨		60,000

期末母公司製作單一報表如下：

銷貨收入	70,000
銷貨成本	60,000
銷貨毛利	10.000
存貨	－
應收帳款	－
應付帳款	60,000

母公司於編製合併報表前調整分錄，虛增的銷貨收入應分錄為：

12/31 借：銷貨收入	60,000	
貸：銷貨成本		60,000

編製合併報表時母公司尚未給付子公司貨款$60,000，則合併報表虛增了應付帳款$60,000及應收帳款$60,000，應予以沖銷。沖銷分錄為：

12/31：應付帳款	60,000	
貸：應收帳款		60,000

母公司編製合併報表時，內部交易產生的應收及應付帳款餘額經沖銷後變為$0。

科目	母公司	子公司	沖銷分錄	合併報表
銷貨收入	70,000	60,000	(60,000)	70.000
銷貨成本	60,000	50,000	(60,000)	50,000
銷貨毛利	10.000	10,000		20,000
存貨	－	－		－
應收帳款	－	60,000	(60,000)	－
應付帳款	60,000	－	(60,000)	－

子公司會計處理

1月1日子公司進貨成本為$50,000，對外進貨分錄為：

1/1 借：存貨	50,000	
貸：現金		50,000

2月1日子公司銷貨給母公司的分錄時應做的分錄為：

2/1 借：應收帳款	60,000	
貸：銷貨收入		60,000

子公司銷貨時存貨減少，同時應記錄銷貨成本：

2/1 借：銷貨成本	50,000	
貸：存貨		50,000

期末子公司製作單一報表如下：

銷貨收入	60,000
銷貨成本	50,000
銷貨毛利	10.000
存貨	－
應收帳款	60,000
應付帳款	－

由於母子公司是一個會計整體，銷貨成本應為子公司當初進貨的成本$50,000，銷貨收入應為母公司出售給外人的售價$70,000，銷貨毛利則為$20,000（$70,000－$50,000）。因此原本合併報表的銷貨成本及銷貨收入各虛增了$60,000，應予以沖銷。

時間軸

1月1日
2月1日
6月18日
12月30日
12月31日

何時編製合併報表

各個會計團體或政府相關機構對於企業在何種狀況下需要編製合併財務報表有不同的規定，基本上是以投資公司（母公司）對直接持有的被投資公司（子公司），以及間接持有的其他公司是否具有控制能力為考量，只要具有控制力，就必須製作合併式報表。

直接或間接持有股權達50%以上

一般而言，投資公司需要編製合併財務報表的情形如下：

◆投資公司直接持有被投資公司普通股股權達50%以上。例如A公司持有B及C公司的股權均超過50%，對B及C公司具控制力，因此A公司需編製A、B、C三家公司的合併財務報表。

◆投資公司間接持有被投資公司普通股股權達50%以上。例如A公司直接持有B公司的股權達80%、C公司股權達30%，B公司直接持有C公司股權達30%，故A對C公司持有的股權為直接持有的30%股權，加上透過B公司間接持有的24%股權（A公司對B公司直接持有的80%×B公司對C公司直接持有的30%），總共為54%。A公司對B公司和C公司持有的股權均超過50%，對這兩家公司具控制力，因此A公司需編製A、B、C三家公司的合併財務報表。

直接或間接持有股權未達50%以上

投資公司直接與間接持有被投資公司普通股股權未達50%，但具控制力的情況有以下兩種：

◆情況一：透過一家子公司間接持有股權未達50%時，例如A公司直接持有B公司的股權達70%，B公司直接持有C公司的股權達70%，則A公司間接持有C公司達49%的股權（A公司對B公司直接持有的70%×B公司對C公司直接持有的70%）。雖然A公司對C公司間接持有未達50%，但A公司仍然可以藉由對B公司直接持有股權超過50%、以及B公司直接持有C公司股權均超過50%所形成的控制力來有效控制C公司，因此A公司需編製A、B、C三家公司的合併財務報表。

◆情況二：透過一家子公司間接持有時，例如A公司直接持有B及C公司的股權分別達70%及80%，B及C公司分別直接持有D公司30%的股權，則A公司間接持有D公司達45%的股權（A公司對B公司直接持有的70%×B公司對D公司直接持有的30%＋A公司對C公司直接持有的80%×C公司對D公司直接持有的30%）。雖然A公司對D公司間接持有未達50%，但A公司仍然

編製合併報表的時機

時機 1.

投資公司直接持有被投資公司普通股股權達50%以上

實例 A公司持有B公司股權70%及C公司股權60%。

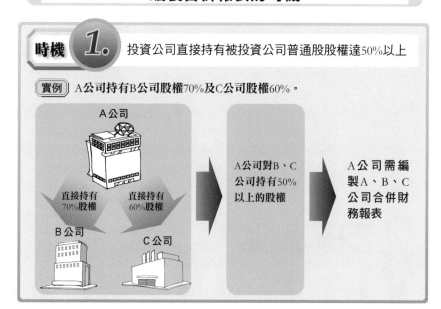

A公司

直接持有 70%股權

直接持有 60%股權

B公司

C公司

A公司對B、C公司持有50%以上的股權

A公司需編製A、B、C公司合併財務報表

時機 2.

投資公司直接與間接持有被投資公司普通股股權總計達50%以上

實例 A公司直接持有B公司之股權達80%，直接持有C公司30%股權，B公司直接持有C公司30%之股權。

A公司

直接持有 80%股權

間接持有 24%股權

直接持有 30%股權

B公司

C公司

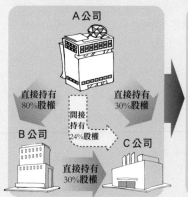

直接持有 30%股權

● A公司對B公司持有50%以上的股權
● A公司對C公司持有股權為直接持有股權30%＋間接持有的24%（A公司直接持有B公司股權80%×B公司直接持有C公司30%），共持有54%

A公司需編製A、B、C公司合併財務報表

可以藉由對B或C公司直接持有超過50%股權來有效控制D公司，因此A公司需編製A、B、C、D四家公司的合併財務報表。

股權以外的判斷標準

除了以持有股權是否達50%為判斷標準外，下列情況也視為具控制能力：

◆ 因合約規定而可以控制另一公司的經營策略。

◆ 一公司擁有另一公司董事會中大多數董事席次的指派或解聘權。例如乙公司股權非常分散，則甲公司雖然持股不到50%也能選上乙公司過半的董事席次。

◆ 一公司與另一公司股東之間有契約關係，故在其董事會中具多數表決權。

● 取得經營控制權的方法

由於公司間的關係日益複雜，公司可能採用持股以外的其他方式對另一公司進行控制，例如公司董監事改選時，透過徵求股東會委託書取得代理股東參加股東會的權利，而增加投票權。如此一來也使得主管機關判斷合併報表的編製是否完整具有一定的難度。

時機 3. 投資公司間接持有被投資公司普通股股權未達50%，但具控制力

實例 A公司直接持有B公司股權80%，B公司直接持有C公司60%股權。

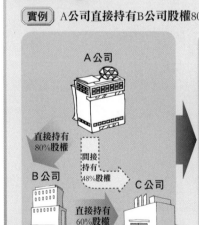

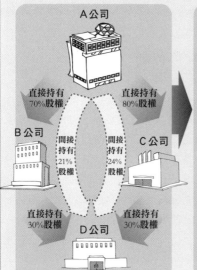

實例2 A公司直接持有B公司70%股權及C公司80%股權，B公司直接持有D公司30%股權，C公司直接持有D公司30%股權。

A公司

直接持有70%股權　　直接持有80%股權

B公司　間接持有21%股權　間接持有24%股權　C公司

直接持有30%股權　　直接持有30%股權

D公司

- A公司對B公司持有50%以上的股權
- A公司對C公司持有50%以上的股權
- A公司對D公司間接持有的股權為45%〔（A公司對B公司直接持有70%×B公司對D公司直接持有30%）＋（A公司對C公司直接持有80%×C公司對D公司直接持有30%）〕，雖未達50%，但可藉由對B、C公司直接持有股權來有效控制D公司

A公司需編製A、B、C、D公司合併財務報表

時機 4. 除持有股權達50%以上，母公司對子公司具控制力的其他情況

情況1

A公司因合約規定得以控制B公司的經營策略。

情況2

A公司持有B公司45%股權，但B公司個別股東持股比率低，股權相當分散，故A公司持股未達50%，仍獲過半董事席次，對B公司具控制力。

情況3

A公司除持有B公司40%股權外，又徵求股東會委託書增加30%表決權，共持有50%以上表決權（A公司持有B公司40%股權＋30%表決權），對B公司具控制力。

A公司需編製A、B、C公司合併財務報表

Chapter 9 其他重要會計知識與運用

公司的經營者或管理階層為了達成公司營運目標，需要建立一套完整的預算制度，以便於實際執行時做為管控的標準，在執行後亦可據以評估績效。如果公司每年都能達成預算目標，就能確保公司的長期營運結果不致偏離正軌。因此，預算的規劃和編製也是會計作業中重要的一環。

● 什麼是預算？公司為什麼要編列預算？

● 如何編列總預算與資本支出預算？

● 什麼是彈性預算？優點有哪些？

● 什麼是債務重整？什麼是公司重整？

● 公司重整會遇到哪些會計問題？如何解決？

● 公司清算有哪些程序？會計如何處理清算？

預算的規劃

預算是指落實公司目標的執行計畫，也就是計量化地以數字表達出公司該如何取得資源及有效使用以達成目標。完善的預算編列可以讓公司資源的使用效率大增，避免財務短缺發生，進而增加公司的競爭力。

預算編列
的功用

　　有些管理者可能認為編列預算耗時又沒有意義，但實際上，好的預算計畫可以讓公司在執行營運計畫時更從容不迫，也讓管理者在做決策時更有信心。預算編列對公司主要有四大功用：

◆ 可事先預測並做好因應準備：編列預算時，最重要的就是要預測公司未來可能面臨的經濟環境及對公司的影響，並訂立為達成預算目標所須執行的因應計畫。例如管理階層預測第二季產品可能會供不應求，因此為配合需求面的增加，計畫在第二季召募約聘人員，以符合產量增加時的人力需求。

◆ 整合公司各單位營運目標，使其一致：編列預算時，公司內各單位需以公司整體利益為考量，也就是說，雖然公司內各個單位都有自己的預算計畫，但各個計畫都要能互相配合並以達成公司整體預算計畫為目標。例如行銷部門編列的預算成本必須配合公司整體成本的控制計畫，如果個別部門的成本太高，就會造成公司整體成本上升的壓力，導致公司整體成本無法達到預算目標。

◆ 績效評估：公司每單位及層級都需編列預算，且為達到預算目標而努力。由於預算是計量化的計畫，管理者很容易藉由衡量單位預算的達成率來評估各單位的績效，以達到控制的目的。例如採購部門今年的成本預算為8,000,000元，比去年實際發生的成本金額少，則該部門經理就應盡可能節省支出，以達到預算目標。如果今年年終採購部門的總成本支出為7,500,000元，公司也很容易計算出該部門的達成率為107%（預算8,000,000元÷實際達成7,500,000元），達成績效超過100%。

◆ 指出營運改善的方向：藉由預算的達成率，預算編列者就可以知道該預算編列的合理性及效率，進而當做下一年度編列預算的參考。例如公司製鞋部門今年收入預算為9,000,000元，銷貨成本預算為7,000,000元，結果全年該部門實際收入為12,000,000元，高出預算3,000,000元（實際收入12,000,000

元－收入預算為9,000,000元）；而實際銷貨成本為6,800,000元，低於成本預算200,000元（銷貨成本預算7,000,000元－實際銷貨成本6,800,000元），這表示當初編列的成本預算不夠精確，明年編預算時就應做適當的調整。

預算的意義及功用

企業的營運目標

為自己的產品增加價值，以創造利潤。

執行計畫與方法

管理者預先規劃出一套最有利、可行的執行計畫，以落實營運目標。

編列預算

將計畫、執行方法與預期結果化為計量化的數字表達。

功用 1 事先預測

預測公司未來會遭遇的經濟情況，並因應該情況做適當的計畫。

例如 公司預測下半年以後市場需求大增，因此上半年開始陸續增加生產線以免供不應求。

功用 2 使公司各單位目標一致

編列預算時應同時整合公司內部各單位的執行計畫，以符合整體的營運方向。

例如 生產、品管、業務、物流等個別部門的預算必須互相配合，以期達成公司預算總營收。

功用 3 評估績效

管理者可藉由各單位的預算達成情形，評估單位績效，以達到控制的目的。

例如 公司預期上半年及下半年各獲利$6,000,000，年度總獲利$12,000,000。結果上半年只獲利$3,000,000，達成率僅50%（預算$3,000,000÷實際達成$6,000,000），下半年必須加倍努力才能達成年度目標。

功用 4 提供營運改善的方向

規劃下一期預算時，管理者可由各單位本期的預算目標是否達成來調整、修正營運目標。

例如 公司去年度的預算淨利達成率只有30%，表示當時預算編列不夠精準，今年必須做適當調整。

總預算的編製

公司預算的種類繁多,基本上公司可以針對任何經濟活動編列預算,而一般常見的預算種類有總預算、資本支出預算以及固定預算與彈性預算。

為什麼要編製總預算

　　總預算是依公司整體經濟活動為考量所編列的預算,包括預計損益表、預計資產負債表,因此所有與預計損益表、預計資產負債表相關的內容,例如:銷貨預算、生產預算、製造費用預算、營業費用預算等都是總預算的一部分。當總預算編列完成時,公司管理者就可以得到該預算涵蓋期間公司的預計損益表及預計資產負債表,並藉此得知公司未來可能的經營績效及財務狀況是否能達到設定的預算目標,以及是否需要修正、調整公司的營運計畫。總預算編列能幫助管理者更了解公司的現況及未來的發展方向,幫助公司達成獲利的使命。

總預算如何編列

　　一般而言,公司每年都會編列一次整年度的總預算,稱為「年度總預算」。年度總預算的編列通常在年度開始前幾個月就開始,由於其結果極為重要且程序複雜,因此較具規模的公司會由高、中階的管理人員組成預算委員會,負責所有的協調及執行工作。另外,由於預算的編列涉及未來經濟狀況,如產業前景、競爭者表現、新科技研發等預測,在台灣,甚至連兩岸局勢都應納入考量。預算委員會應盡量提供相關資料給各預算編列單位參考,以加強預算的一致性及準確度。

　　預算的編列應盡量讓未來實際執行預算計畫人員能參與預算的編列。由於預算編列的目標通常會參考目前營運的實際狀況,並責求一定幅度的業績成長,達成預算目標對執行者而言並不容易,為期預算的設定有其合理性,而不致流於空洞的形式,如果編列時能讓執行預算人員共同參與,就能提高預算的正確性、增加員工的向心力,以提升預算目標的達成率。

總預算的項目有哪些

　　總預算的項目眾多,常見的重要項目如下:

◆ 銷貨預算:銷貨預算是預估公司預算年度的總銷售額,可以說是所有總預算項目中最重要的一項,總預算的其他項目編列時,例如編列銷貨成本預算或營業稅預算都須以銷貨預算為基礎。假設公司預算銷貨收入為1,000,000元,平均銷貨成本占銷貨收入的80%,則可得出預算銷貨成本為800,000元

年度總預算的編列與檢核流程

年度開始前一個月左右	**年度預算開始編列**	● 參考前一年度的實際營運狀況，確立公司未來年度的整體營運目標。
	成立預算委員會	● 由高階、中階管理人員組成預算委員會，負責預算編列相關事宜。 ● 以符合企業整體營運目標為首要考量來協調各單位目標。 ● 蒐集整理市場狀況、消費者需求、公司的優劣勢等資料以供各單位參考。
預算編列期間（為期約一個月）	**各單位實際編列**	● 相關人員與預算委員會充分溝通以達成共識。 ● 各單位確實了解公司營運目標後，以公司目標及實際狀況為依據編列預算計畫。
	確定最有利的預算計畫	● 管理者與執行者溝通確認執行計畫的可行性，以避免預算不切實際、難以落實。 ● 管理者評估預算計畫是否確實與公司營運目標相符，確定為最有利的做法。
預算執行期間	**預算執行**	● 各單位努力執行預算目標，並將執行的阻礙與困難即時回報予管理者，以進行預算調整。 ● 管理者定期（通常為每個月、一季、半年）追蹤、考核，檢視預算達成率以評估各部門的績效。
預算執行年度結束後	**年度檢核**	● 管理者需將年度營運結果與預算目標相比較，評估預算執行的實際結果，以達加強管理的目的。 ● 管理者評量執行者該年度預算達成績效，依據考績給予獎懲。 ● 該年度預算執行結果可再做為以後年度預算編列的參考。

（銷貨預算1,000,000元× 80%）；營業稅的銷項稅額為50,000元（銷貨預算1,000,000×稅率5%）。銷貨預算的編列須配合市場狀況的研究調查，例如過去實際的銷貨記錄、經濟環境是否景氣、公司營運狀況的預測等等，才能編列準確的銷貨預算，進而協助其他預算的編列。

◆產量預算：產量預算指的是依據銷貨預算數字估計公司在預算期間各種產品應生產的數量。產量預算的高低會影響公司在預算期間生產線的配置、生產人員的數目、原料預計的購買數、倉儲空間大小等生產所需條件的規模，例如過高的產量預算可能導致公司過度支出成本添購機器設備、召募過多生產線人員、租用過大的倉庫等。相反地，產量預算過低則會造成人員不足、機器設備閒置、產量供不應求而影響獲利。因此，正確的產量預算可以改善公司資源的使用效率，避免資源的濫用。如同編列銷貨預算，編列產量預算也需要進行各種消費市場的調查及產品競爭力的評量。

◆製造成本預算：製造成本預算是估計公司在預算期間內所發生的製造成本。製造成本預算與估計公司銷貨數的銷貨預算、估計應生產數量的產量預算息息相關。高產量預算表示薪資費用、原料費用也會較高而直接影響到製造成本的高低。同樣地，銷貨預算愈高，製造成本也就相對愈高。

◆營業費用預算：營業費用預算是估計公司在預算期間，為達銷售商品與人事管理目的所需的費用預算，與產量預算的高低較無直接關係。營業費用預算包括行銷費用、管理費用以及研究費用，行銷費用諸如銷售員薪資、與行銷活動相關的固定資產租金、水電、運費等；管理費用大致有行政會計人員薪資、辦公室租金等費用；研究費用為研發新展品所需的費用。營業費用預算項目繁多，通常僅需要針對較重大的費用，例如薪資費用、佣金、廣告費、租金費用等估計即可，金額不大者可略去不計。

製造成本與銷貨成本有何不同？

簡單地說，製造成本的組成元素可分為：可以直接歸屬於特定產品的直接原料、直接人工及無法直接歸屬於特定產品的製造費用，例如間接原料、間接人工、機器設備折舊、水電費等。銷貨成本則是本期內已銷售產品的成本。製造成本與銷貨成本的不同在於本期的製造成本所產出的產品並不一定會在本期出售，而已出售產品的成本才是本期的銷貨成本。

總預算的主要項目

銷貨預算

預測預算涵蓋期間的總銷售額，是總預算的基礎項目。

考量因素

- 過去銷售量
- 經濟景氣
- 市場競爭情況
- 行銷策略

例如 從事手機製造及銷售的大英公司調查手機市場後，預估明年的手機銷售額將比今年的$1,000,000,000成長10%，因此設定公司明年度的銷貨預算為$1,100,000,000。

↓ 估計

產量預算

預測預算涵蓋期間各種商品的生產數量，也就是將預計銷量轉換為預計生產數量。

考量因素

- 生產設備是否足夠
- 生產人員的數量及素質
- 存貨可能跌價
- 倉儲成本

例如 大英公司依據銷貨預算1,000,000支手機、期初存貨量100,000支及預計期末存貨量50,000支，編列產量預算950,000支（銷貨預算1,000,000支－期初存貨100,000支＋期末存貨50,000支）。

↓ 估計

製造成本預算

預測預算涵蓋期間的製造成本，即預估生產數量所需的材料、人工等相關費用。

考量因素

- 材料的用量以及存量、耗損率
- 生產人員需求數目以及工時、工資多少

例如 大英公司預計生產950,000支手機的製造成本，包括：直接人工成本$200,000,000、直接原料成本$300,000,000及製造費用$200,000,000。製造成本預算共計$700,000,000（直接人工成本$200,000,000＋直接原料成本$300,000,000＋製造費用$200,000,000）。

營業費用預算

預測預算涵蓋期間的營業費用，包括行銷費用、管理費用、研究發展費用等。

考量因素

- 預期的廣告費用及公關費用
- 非製造相關人員數目及薪資
- 預計投入的研究發展費用
- 辦公室租金

例如 大英公司為增加市場占有率，決定大幅增加廣告費，預計明年將投入的行銷費用為$30,000,000；預期投入的研究費用為$50,000,000；預計將產生的管理費用為$20,000,000。營業費用預算共計$100,000,000（行銷費用為$30,000,000＋研究費用為$50,000,000＋管理費用為$20,000,000）。

資本支出預算

資本支出是指購買對公司會產生長期利益的資產而發生的支出，例如蓋廠房、購買機器設備。由於對公司營運的影響是長期性的，所涵蓋的期間可能長達數年，而且金額往往較為龐大，因此必須事先擬訂計畫、編列預算。

資本支出預算

對資本支出所做的規劃稱為「資本支出預算」。管理者可藉此預測過程中現金流量的變化，及資本支出後可能造成的結果，以確實掌握資本支出對公司財務狀況可能的影響。例如某項資本支出計畫的評估結果是支出金額較高，但帶來的收益卻未相對提高，甚至會造成現金流入少於資本支出的狀況，則該項計畫就不值得執行。

由此可見，好的資本支出預算能讓管理者事先評估各項資本支出未來可能帶來的經濟效益，來規劃、調整營運方向，以控制風險並預防對公司不利的狀況發生；錯誤的資本支出預算則會讓公司投資虧損，甚至陷入財務困難。

將資本支出的未來效益折現

進行投資決策時，需將未來回收的現金換算為投資當時的現金價值，才能確實反映該項投資的價值。原因是貨幣有時間價值，同樣金額貨幣的現在價值優於將來價值。舉例而言，現在手上的1,000,000元價值高於三年後的1,000,000元。如果拿現在的1,000,000元去做三年、年利率2%以複利計息的定存，則三年後將累積至1,061,208元〔（1,000,000元×（1+2%）³〕，1,061,208元即為1,000,000元的「終值」；相反地，三年後的1,000,000元在現在只值942,322元〔（1,000,000元÷（1+2%）³〕，而942,322元即為三年後1,000,000元的「現值」。將終值換算為現值稱為「折現」，而計算折現的利率為「折現率」。想有效地評估某項投資計畫，應將未來產生的現金流入折現，再與目前投資成本相比較；若折現後發現收入不敷成本，則不應接受該投資計畫。

以計量方式評估資本支出

公司在評估資本支出計畫時需要考慮兩個面向：一為可以量化的經濟因素，一為不可量化的經濟因素。評估資本支出計畫時，一般較常見的計量方法如下：

◆淨現值法（簡稱NPV）：是指將該計畫未來所產生的現金流入（終值），以公司所能接受的最低報酬率如資產報酬率、銀

行利率、政府公債利率等折算成現值，以現值扣除投資成本後的「淨現值」是否大於零來判斷是否值得投資。如果淨現值大於零，表示該計畫所帶來的淨現值流入大於投資的支出，故值得投資；反之，如果淨現值小於零，則不值得投資。

◆內部報酬率法（簡稱IRR）：一般而言，公司會對每一項投資的報酬率有基本的要求，將該計畫在未來所產生的現金流入以該投資所預期的報酬率折現，現值應該等於投資成本。如果預期的報酬率高於公司要求的報酬率，則該計畫可被接受；反之，如果預期的報酬率低於公司要求，則表示該計畫不可被接受。

◆收回期限法：是指計算收回投資成本所需要的年數，投資回收的時間愈短，投資風險則愈低。如果該年數低於公司要求的標準則該計畫可被接受；反之如果該年數高於公司要求的標準，則不可被接受。

不可量化因素的影響

除了考慮可以量化的因素外，管理者也應該考慮無法量化的經濟因素，例如員工接受度。假設某公司考慮購買一最新科技機器設備，經過淨現值法評估後發現該計畫可以為公司帶來正面的效益。但調查發現員工對於新科技的學習興致缺缺，該機器的購入可能會造成員工士氣的低迷，則公司應審慎考慮，或再行溝通，等員工的接受度變高時再購買。

淨現值法與內部報酬率法

淨現值法與內部報酬率法都是反映了投資相關現金流量的時間價值，但兩者有比較基礎的差異：淨現值法是將未來各期現金流入折現後，與投資成本比較得出淨現值，淨現值為正則值得投資；而內部報酬率法則是計算能使投資計畫達到損益平衡、即淨現值等於零時的報酬率。

資本支出預算的評估

實例 小明預計今年初為早餐車公司購入製造早餐的機器設備。該機器售價$500,000，使用年限三年，殘值$0，預計每年帶來現金流入$200,000，折現率即小明所能接受的最低報酬率為10%。

方法 1 以淨現值法評估

Step 1 計算該投資的現金流入現值總和

$$現金流入現值 = \frac{第一年現金流入}{(1+折現率\%)} + \frac{第二年現金流入}{(1+折現率\%)^2} + \cdots\cdots \frac{第n年現金流入}{(1+折現率\%)^n}$$

● n表示使用年限

例如 早餐車公司現金流入現值

$$= \frac{現金流入\$200,000}{(1+折現率10\%)} + \frac{現金流入\$200,000}{(1+折現率10\%)^2} + \frac{現金流入\$200,000}{(1+折現率10\%)^3}$$

$$= \frac{\$200,000}{1.1} + \frac{\$200,000}{1.21} + \frac{\$200,000}{1.331}$$

$$= \$181,818 + \$165,289 + \$150,263$$

$$= \$497,370$$

Step 2 計算出淨現值

淨現值＝現金流入現值－投資成本

例如 早餐車公司機器設備淨現值＝$497.370－$500,000＝－$2,630

Step 3 評估是否值得投資

淨現值≧0 ➡ 有利可圖、值得投資

淨現值<0 ➡ 入不敷出、不值得投資

例如 早餐車的機器設備淨現值－$2,630 ＜0 ➡ 不值得投資、該機器不值得購入

方法 2 以內部報酬率法評估

Step 1 由投資成本計算出該投資的內部報酬率

$$投資成本 = \frac{第一年現金流入}{(1+內部報酬率\%)} + \frac{第二年現金流入}{(1+內部報酬率\%)^2} + \cdots\cdots + \frac{第n年現金流入}{(1+內部報酬率\%)^n}$$

● n表示使用年限

例如 假設內部報酬率為 x

$$機器設備投資成本\$500,000 = \frac{現金流入\$200,000}{(1+x)} + \frac{現金流入\$200,000}{(1+x)^2} + \frac{現金流入\$200,000}{(1+x)^3}$$

$$x = 9.7\%$$

Step 2 評估是否值得投資

內部報酬率 ≧ 折現率 ➡ 值得投資

內部報酬率 ＜ 折現率 ➡ 不值得投資

例如 內部報酬率9.7% ＜ 小明要求報酬率10% ➡ 該機器不值得購入

方法 3 以收回期限法評估

Step 1 由投資成本計算出該投資回收年數

$$回收年數 = \frac{原投資額}{年收益}$$

例如 $回收年數 = \frac{投資成本\$500,000}{年收益\$200,000} = 2.5（年）$

Step 2 評估是否值得投資

回收年數 ≦ 公司要求標準 ➡ 值得投資

回收年數 ＞ 公司要求標準 ➡ 不值得投資

例如 回收需 2.5（年）＜ 小明要求標準2年 ➡ 該機器不值得購入

彈性預算的編列

設定預算時,從「是否會依產量多寡而調整」可再分類為固定預算及彈性預算。在固定預算下,銷售量及生產規模一旦設定了預算就是固定不變的,不依實際生產數量的變化調整金額;彈性預算則是可以依實際生產數量的變化調整預算金額。

彈性預算較貼近預算本質

　　一般而言,公司的成本會隨著生產數量的變化而增減,例如手機公司生產1,000,000支手機的成本與生產5,000,000支的成本肯定不同,因此編列預算時,若採用不因產量變動而調整的固定預算,難免會有所偏差,無法確實表達或衡量實際生產狀況。相較於固定預算,能隨著實際業務量而調整的彈性預算更有適應性,更能達到評估預算的效果。

固定成本 vs. 變動成本

　　彈性預算將成本分為兩類:固定成本及變動成本。固定成本是指公司固定必須支出、不會隨產量的變化而變動的成本,例如工廠的租金費用、員工訓練費、廣告費等等,這些費用(成本)每個月都是一樣的,並不會隨著產品產量突然增加或減少而有變化,因此是固定成本。

　　相對於固定成本,變動成本則是會隨產量的變化而變動的成本,例如製造產品的直接材料費用、直接人工費用等等,只要產品產量增加便會隨之增加、產量減少則會隨之減少,因此是變動成本。由於彈性預算同時可考慮固定成本與變動成本的特質而編列,因此採用彈性預算比固定預算更為準確。

如何編列彈性預算

　　編列時彈性預算時,應先將所有費用分為固定成本或變動成本兩類,屬於變動成本者應決定其變動基礎,比方說,薪資費用以員工人數為變動基礎、原料費用以產出單位為變動基礎。決定變動基礎後,再決定各項基礎的變動率,即增加一個基礎單位時該項變動成本增加的金額,例如多雇用一位員工即需多支出薪資費用30,000元,則薪資費用變動率為30,000;多產出一單位產品時,需多支出原料費用10元,則原料費用變動率為10。最後以每單位變動率呈上實際數量,便可得出該項彈性預算的金額。

彈性預算編列的步驟

區分固定成本或變動成本

固定成本
不隨產量或業務量的增減而變化的成本。
例如 廠房折舊費用、員工薪資

變動成本
隨實際產量或業務量而調整的成本。
例如 原料費用

編列固定成本與變動成本的預算

計算出固定成本額度
預算編列人員依據過去經驗及公司經營策略編列各項固定成本預算。
例如 大東公司編列明年度機器設備的折舊費用$3,000,000，薪資費用$2,000,000以及其他費用$600,000。

決定變動的基礎
決定變動成本分配的基礎單位。
例如 大東公司編列明年度預算原料費用時，以產出單位為基礎。

決定各種基礎的變動率
決定增加一個基礎單位時，該項變動成本增加的金額為多少。
例如 當每增加一產出單位時，變動成本增加$1；即一單位的原料費用變動率為1。

計算出變動成本額度
以每單位變動率乘以產出單位。
例如 大東公司的原料變動成本為單位變動率1×預計產出8,000,000單位，因此原料預算為$8,000,000。

訂出預算目標

預算目標
將固定成本預算加上變動成本預算即預算目標。
例如 大東公司的預算目標為$13,600,000（折舊費用$3,000,000＋薪資費用$2,000,000＋其他費用$600,000＋原料費用$8,000,000）

實際執行結果評估

執行結果與預算目標相比較
執行結果與預算目標相較，若比預算好則表示成本控制得宜；若比預算差則表示成本控制應加強。
例如 該預算年度大東公司實際產出7,000,000單位，實際發生的成本為$13,000,000。當產出為7,000,000單位時，變動成本亦應調整為$7,000,000（單位變動率1×產出7,000,000單位），成本預算應為$12,600,000（折舊費用$3,000,000＋薪資費用$2,000,000＋其他費用$600,000＋原料費用$7,000,000）。
因此，當實際產出為7,000,000單位時，由於實際花費的成本$13,000,000較成本預算$12,600,000高出$400,000，表示大東公司應加強成本控制。

股份有限公司面臨財務困境的處理

公司若面臨財務困境，可向法院提出申請進行「公司重整」或私下與債權人協商以「債務重整」的方式度過難關。若財務困難無法紓解，最終也只能走上公司解散、清算一途。

循法庭外途徑－債務重整

　　公司在長期虧損或資金短缺的情況下就有可能無法準時償還債務，此時可以向債權人溝通，說明目前公司所面臨的困境並表達解決問題的誠意。如果債權人同意公司進行「債務重整」，例如降低債務剩餘期間的利率、降低本金的償還金額、展延債務到期期限等等，公司的還債壓力就可以得到紓解。原則上，債務重整不需經過法律途徑，較省時省力，因此公司面臨財務困難時應先嘗試透過債務重整度過難關。

　　一般來說，會計是以償債資產的公平價值與債務帳面價值的差額認列債務重整損失或利得。例如債務人以公平價值7,000,000元、帳面價值5,000,000元的機器設備抵償10,000,000元的應付票據，則需認列債務重整利益3,000,000元（應付票據10,000,000元－機器設備的公平價值7,000,000元）。

循法律途徑－公司重整

　　除了法庭外途徑的債務重整外，公司亦可向法院聲請「公司重整」，調整公司股東、債權人及相關利害關係人的權利義務，即以處分公司財產、變更債權人或股東權益、裁員、發行新股或公司債等方法調整公司資產、負債及資本的結構，改善公司不健全的財務狀況，協助公司度過難關，維持公司繼續經營的制度。

重整期間的財務報表

　　公司重整期間的財務報表須將與重整相關的交易及與公司經常性活動的項目如營業的收入、費用等等分開列示，讓報表的使用者能清楚得到與重整相關的資訊。

◆資產負債表：重整期間，資產負債表應將公司債務分別列示為「協商債務」以及「非協商債務」。「協商債務」是在公司聲請重整前已存在的無擔保或擔保不足的債務，在協商成功後可減免還款、降低利率、延長還款期限等，減輕債務負擔；而「非協商債務」則是在公司聲請重整前已存在的完全擔保債務或是在聲請重整後才發生的債務，債務解決方式相當於一般債務。

債務重整與公司重整期間的會計處理

公司發生財務困難

處理方法 **1**

處理方法 **2**

債務重整

公司循私下途徑與債務人協商降低本金、利率或展延還款期限。

公司重整

公司向法院聲請，在法院監督下進行公司資產、負債、資本結構的調整。

實例

大發公司於96年12月31日向債務人提出債務重整。

債務人以公平價值$6,000,000、帳面價值$4,000,000的機器設備抵償$10,000,000的應付帳款。則公司於債務重整日應入帳的分錄為：

96/12/31

借：應付帳款　　　10,000,000 **ⓐ**
　　貸：處分機器設備利益　　2,000,000 **ⓑ**
　　貸：機器設備　　　　　4,000,000 **ⓒ**
　　貸：債務重整利益　　　4,000,000 **ⓑ**

實例

長利公司於96年12月31日向法院聲請重整。

重整日公司帳上屬於協商債務的債務共計：應付帳款$20,000,000、應付公司債利息$600,000、應付公司債$60,000,000。則公司於重整聲請日應入帳的分錄為：

96/12/31

借：應付帳款　　　20,000,000 **ⓐ**
借：應付公司債利息　600,000 **ⓐ**
借：應付公司債　　60,000,000 **ⓐ**
　　貸：協商債務　　　　80,600,000 **ⓐ**

ⓐ
應付帳款、應付公司債利息、應付公司債、協商債務屬於負債科目，負債的金額減少時，需記於T字帳的左方，即借方；負債的金額增加時，需記於T字帳的右方，即貸方

ⓑ
處分機器設備利益、債務重整利益屬於股東權益科目，股東權益金額增加時，需記於T字帳的右方，即貸方

ⓒ
機器設備屬於資產科目，當資產的金額減少時，需記於T字帳的右方，即貸方

◆損益表：重整過程中公司會發生相關的專業費用如會計師及
律師公費等，為了要表達重整對公司損益的影響，重整程序
相關費用應與公司一般營業的收入、費用及損益分開表示。

◆現金流量表：與重整相關的現金流入及流出項目應與一般因
企業經營產生的現金流入及流出項目分開表達。

**公司清算
的會計處
理**

如果公司的財務結構經重整後仍無法獲得改善，最終也只
能向法院聲請公司清算。簡單地說，公司清算就是變賣公司的
資產以清償公司債務，若有剩餘的財產再依據各股東持有股份
比例分派給股東，最終結束公司的存在。

清算時，公司應選派清算人接管公司，由其負責進行資
產、負債價值的確認和計價，以及變現資產、清還債務等清算
相關事宜。一般而言，清算人在清算期間會開立帳戶，記錄清
算相關交易。清算會計處理與一般公司交易發生時的記錄方式
類似，但應以簡單、明瞭為原則，例如清算中公司的股東權益
以「清算權益」帳戶表示。

如同公司在正常營運狀況下必須編製財務報表，清算人在
清算期間也必須定期編製財務報表，讓相關人士能了解清算進
行過程中公司的財務狀況及清算的進度，報表的表達方式以簡
單清楚為原則。

值得一提的是，一般會計處理遵循企業會持續經營，而不
會在近日內清算結束業務的「繼續經營」慣例，因此帳上所列
的資產、負債是依據購入時的實際成本入帳；當公司決定解
散、不再繼續經營，以實際成本為入帳基礎的原則也就不再適
用，而代之以資產、負債的可變現淨值為入帳估價標準，以確
實表達公司的財務現況。

清算期間的會計處理

實例 長期處於虧損狀態的大立公司決定解散，於96年7月1日清算，已選派一位董事擔任清算人。大立公司會計處理程序如下：

清算前公司財產

大立股份有限公司
資產負債表
96年7月1日

資產		負債	
現金	$50,000	應付帳款	120,000
應收帳款	$80,000	股東權益	(50,000)
備抵壞帳	(60,000) 20,000		
	$70,000		$70,000

清算人接管

清算人於96年7月1開立專門帳戶便於管理。
開帳分錄如下：

96/7/1
借：現金 50,000
借：應收帳款 20,000
借：清算權益 50,000
　貸：應付帳款 120,000

清償應付帳款

清算人於96年9月1日以公司所有現金$70,000償還應付帳款。
分錄如下：

96/9/1
借：應付帳款 70,000
　貸：現金 70,000

● 償還後公司現金為$0
（原帳上$70,000－還款$70,000）

收回應收帳款

清算人於96年8月1日收回應收帳款。
分錄如下：

96/8/1
借：現金 20,000
　貸：應收帳款 20,000

● 收回後公司現金為$70,000
（原帳上$50,000＋收回$20,000）

結清所有科目餘額

清算人於96年10月1日以清算權益結清應付帳款餘額。
分錄如下：

96/10/1
借：應付帳款 50,000
　貸：清算權益 50,000

清算結束

所有會計科目餘額為零，清算程序便結束。

國家圖書館出版品預行編目資料

圖解會計學／黃士剛著 ― 初版 ― 臺北市：
　　易博士文化出版；家庭傳媒城邦分公司發行，2007〔民96〕
　　面；公分 ―（Knowledge base系列：19）
　　ISBN 978-986-7881-70-0（平裝）
　　1. 會計
495　　　　　　　　　　　　　　　　　　　　95019225

Knowledge Base 19
圖解會計學

作　　　者／黃士剛、易博士編輯部
總　編　輯／蕭麗媛
責 任 編 輯／林雲
封面內頁插畫／溫國群
美 術 編 輯／吳靜宜

發 行 人／何飛鵬
出　　　版／易博士文化
　　　　　　城邦文化事業股份有限公司
　　　　　　台北市中山區民生東路二段141號5樓
　　　　　　電話：(02) 2500-7008　　傳真：(02) 2502-7676
　　　　　　E-mail：ct_ easybooks@hmg.com.tw
發　　　行／英屬蓋曼群島商家庭傳媒股份有限公司城邦分公司
　　　　　　台北市中山區民生東路二段141號2樓
　　　　　　書虫客服服務專線：(02) 2500-7718、2500-7719
　　　　　　服務時間：週一至週五上午09:30-12:00；下午13:30-17:00
　　　　　　24小時傳真服務：(02) 2500-1990、2500-1991
　　　　　　讀者服務信箱：service@readingclub.com.tw
　　　　　　劃撥帳號：19863813
　　　　　　戶名：書虫股份有限公司
香 港 發 行 所／城邦（香港）出版集團有限公司
　　　　　　香港灣仔軒尼詩道235號3樓
　　　　　　電話：(852) 2508-6231　　傳真：(852) 2578-9337
　　　　　　E-mail：hkcite@biznetvigator.com
馬 新 發 行 所／城邦（馬新）出版集團 Cite (M) Sdn. Bhd.
　　　　　　41, Jalan Radin Anum, Bandar Baru Sri Petaling,
　　　　　　57000 Kuala Lumpur, Malaysia
　　　　　　電話：(603) 9057-8822　　傳真：(603) 9057-6622
　　　　　　E-mail：cite@cite.com.my
製 版 印 刷／卡樂彩色製版印刷有限公司

■2007年3月29日初版　　　　　　　　　　Printed in Taiwan
■2014年8月13日初版50刷
ISBN 978-986-7881-70-0
定價250元　HK$ 83